胡艳芳　陈昭婷　胡浩锋　曾凡棠　著

流域雨水径流污染特征及控制技术研究

LIUYU YUSHUI JINGLIU WURAN TEZHENG
JI KONGZHI JISHU YANJIU

中国环境出版集团 · 北京

图书在版编目（CIP）数据
流域雨水径流污染特征及控制技术研究 / 胡艳芳等著. -- 北京 : 中国环境出版集团, 2024. 12. -- ISBN 978-7-5111-5995-3
Ⅰ. X517
中国国家版本馆CIP数据核字第2024P55X12号

责任编辑 王　琳
装帧设计 金　山

出版发行 中国环境出版集团
（100062　北京市东城区广渠门内大街16号）
网　　址：http：//www.cesp.com.cn
电子邮箱：bjgl@cesp.com.cn
联系电话：010-67112765（编辑管理部）
发行热线：010-67125803，010-67113405（传真）
印　　刷 北京鑫益晖印刷有限公司
经　　销 各地新华书店
版　　次 2024 年 12 月第 1 版
印　　次 2024 年 12 月第 1 次印刷
开　　本 787 × 1092　1/16
印　　张 10.75
字　　数 138千字
定　　价 65.00元

著者委员会

主　任　胡艳芳　陈昭婷　胡浩锋　曾凡棠

成　员　房怀阳　郭　静　范中亚　罗千里

王文才　杨汉杰　杨羿卓　赵　鹏

李伟杰　曾海龙　杨震海　张　进

前　言

水环境污染，作为当今世界面临的重大环境问题之一，其复杂性不仅在于其来源的多样性，更在于其治理的艰难性。点源污染和面源污染是水环境污染的两大主要来源，随着人们对水环境治理的持续关注，工业点源和生活污水的治理已经取得了显著成效，但面源污染问题日益凸显，特别是由降雨驱动的城乡面源污染，已成为水环境治理中的新挑战。

降雨，作为一种常见的自然现象，其对水环境的影响不容小觑。当降雨发生时，大气和地面的污染物会分别经由湿沉降和径流过程被带入水体，不仅导致水体质量下降，还可能对人体健康构成严重威胁。特别是在我国，旱季“藏污纳垢”、雨季“零存整取”等问题突出，往往一场降雨就能给受纳水体带来难以承受的冲击负荷，使原本功能正常的水体在汛期污染强度居高不下。

面对这一挑战，传统的水环境治理体系，即以污水处理厂和污水管网为核心的模式，显得“力不从心”。这主要是因为城乡雨水径流污染具有空间分布广泛、转化环节多样、传输路径复杂等特点，且监测资料获取困难，使治理工作面临诸多难题。此外，不同地区的社会经济发展水平、人口密集程度、水资源环境禀赋条件也不尽相同，这要求我们在治理过程中必须因地制宜，采取更具有针对性的手段。

因此，对于雨水径流污染的研究和控制显得尤为重要。这不仅需要我们深入了解雨水径流的形成原因、冲刷过程、影响因素及污染特征，还需要我们探索有效的监测评估方法和控制技术。

本书正是基于这一背景，通过对国内外雨水径流污染研究成果的广泛搜集和深入分析，系统地探讨了雨水径流污染的产生原因、污染特征、影响因素、监测评估方法及控制技术，并以南方某沿海流域为例，通过野外观测开展了雨水径流污染特征及时空分布研究，选取典型农田区、交通道路区、城镇住宅区、农村居住区和施工工地5个不同功能区，分别在雨季的前汛期、主汛期和后汛期进行雨水径流采样，分析不同功能区雨水径流水质的变化规律和影响因素，并结合土地利用解译结果估算流域雨水径流面源污染负荷。基于该区域雨水径流污染特征的研究结果，本书提出了一系列具有针对性和可操作性的雨水径流污染控制对策建议，包括源头控制、过程阻断、末端治理、政策引导等多个方面，旨在通过综合运用工程技术、生态修复、政策法规等手段来全面提升流域水环境治理效果和水平。

本书的相关研究工作得到了广东省重点领域研发计划（项目编号：2020B1111350001）资助，以期为应对流域雨水径流污染提供有益的借鉴。

由于受作者研究领域和学识所限，书中难免有不足之处，敬请广大读者不吝批评、赐教。

目录

第1章

绪 论

1.1 研究背景

水环境污染是当前全球范围内广泛存在且不容忽视的严重问题，造成水环境污染的来源主要可以分为两大类：一类是集中排放的点源污染，另一类是广泛分散的面源污染。点源污染由于排污点位集中、污染强度大、排污途径明确，早已成为世界水环境治理的重要课题，并建立了较为全面的监测、评估、控制体系，取得了良好的治理效果。面源污染通常具有分散性、不确定性、滞后性、随机性、广泛性、潜伏性、模糊性和累积性等特点，导致面源污染的防治和控制具有较大难度，其定量化研究工作也相对滞后。

城乡雨水径流对受纳水体的污染是面源污染的主要形式之一[1-3]，主要包括农业雨水径流污染和城市雨水径流污染。其中，农业雨水径流污染是面源污染的主要来源之一，包括农村生活面源污染、种植业面源污染、规模以下畜禽养殖面源污染等，这些污染物的来源和排放方式多种多样，如农药、化肥的过量施用，畜禽养殖粪便的随意排放等；城市雨水径流污染是仅次于农业雨水径流污染的第二大面源污染，当降雨发生时，大气和地面的污染物分别经由湿沉降和径流过程被带入水体。农业雨水径流和城市雨水径流中含有的营养物质和有毒有害物质进入水环境后，不仅极易引起水体富营养化和水华等环境问题，成为阻碍水质提升的关键因素[4-7]，而且其含有的毒性污染物还可能导致水生生态系统失衡，影响人类的生产和生活，威胁人体健康。

雨水径流污染的研究和治理在国内外受到了广泛的关注，美国国家环境保护局（EPA）在1984年指出，面源污染已成为美国水污染问题的主因，美国约有60%的河流污染和50%的湖泊污染与面源污染有关，已实现污水二级处理的城市，水体生化需氧量（BOD）年负荷的40%～80%来自雨水径流。EPA将城市雨水径流对湖泊和河流的危害程度分别提升至第2位和第3位[8]。在我国重要河流湖泊（如滇池、太湖、淮河流域）的污染调查中，面源污染所占比例也较大，如滇池面源污染占67%[9]，城乡雨水径流污染正在成为制约水环境持续改善的主要矛盾[10-11]。

我国雨水径流污染研究主要围绕北京、上海、西安、重庆、武汉等人口高度集中的城市[12-18]，较少关注乡镇及农村地区的雨水径流，也较少以完整的流域为单元，对城市雨水径流污染和农业雨水径流污染进行全面监测研究和负荷估算。从流域治理的角度来看，面源污染控制不仅是针对城市雨水径流污染，还有大量村居、农田、畜禽和水产养殖排放的污染物，在雨水冲刷作用下随径流入河。开展流域城乡雨水径流污染特征研究，分析其变化规律和影响因素，并提出管理控制措施，对改善流域水生态环境，促进城乡高质量发展具有重要意义。

1.2 国外研究进展

国外学者很早就开始关注雨水径流污染。早在20世纪初，Metcalf

和Eddy就注意到暴雨事件初期径流中污染物浓度明显高于暴雨事件末期径流中污染物浓度的现象，他们将其描述为“初始污染冲刷”或“初始冲刷”[19]。这一发现引起了科学界对农业非点源污染潜在危害的广泛关注。随着对农业非点源污染认识的逐步加深，以美国为代表的研究者开始深入研究径流动力形成的产汇流特性，特别是其产流条件的空间差异性。为了更准确地模拟和预测雨水径流过程及其带来的污染，研究者开发了一系列模型和方法。20世纪50年代，美国水土保持局提出了SCS（Soil Conservation Service）法，这是一个综合考虑了影响雨水径流形成的下垫面空间差异性的方法。该方法的研究指标包括土壤前期含水量、土地利用类型、土壤渗透性、降水量等[20]，为后来雨水径流模拟研究提供了重要的理论基础。随后，1959年，Crawford等开发了斯坦福流域水文模型（Stanford Watershed Model，SWM）[21]，这是第一个真正的流域水文模型。该模型采用数学方法模拟水文和物理现象，为雨水径流及其污染物的模拟和预测提供了强有力的工具。SWM的建立标志着雨水径流模拟研究进入了一个新的阶段。

20世纪60年代，国外研究者开始对雨水径流污染的影响进行定量化研究，这一时期的研究主要依赖统计分析方法来构建面源污染模型。这些统计模型广泛采用了聚类分析、主成分分析和因子分析等数学工具，旨在通过分析水质监测数据，揭示不同尺度流域内氮、磷等污染物的时空分布特征，并探究其与污染源的响应关系。其中，Beasley研发的非点源污染环境影响评价模型（The Areal Nonpoint Source Watershed Environment Response Simulation，ANSWER）是这一时期的代表性成果[22]。该模型能够有效评估不同土地利用和管理措施对水质的影响，特别是在小流域尺度上，为水资源的保护和管理提供了有力的决策支持。

20世纪70年代，全球对雨水径流污染问题的关注度逐渐提升，特别是在欧美等发达国家和地区，地表径流污染成了环境研究的热点。这一时期的研究方法经历了从简单经验统计分析到复杂机理模型的转变，标志着对雨水径流污染问题理解的深化。研究手段也取得了显著进步，从过去仅关注长期平均负荷输出或单场暴雨分析，升级到连续的时间序列响应分析，这种变化使研究者能够更全面地掌握污染物的迁移转化规律。同时，与非点源污染控制紧密相关的主控因子和高风险区域的空间分析也取得了重要进展，为非点源污染控制提供了更为精准的依据。在这一时期，许多已有模型被广泛应用于非点源污染的管理中，如暴雨洪水管理模型（Storm Water Management Model，SWMM）、雨水径流系列模型（PTR-HSP-ARM-NPS）[23]、储存处理与溢流模型（Storage Treatment， Overflow Runoff Model，STORM）[24]，以及农药化肥迁移模型（Agricultural Chemical Transport and Migration Model，ACTMM）[25]等。这些模型不仅有助于理解雨水径流污染的机制，还能为非点源污染控制提供有效的策略和方法。此外，美国《联邦水污染控制法修正案》在这一时期首次引入了最佳管理措施（Best Management Practices，BMPs）的概念，当时这一措施主要用于有毒污染物控制及河道疏浚、填补等环境修复工作。BMPs的提出标志着环境管理从简单污染治理向综合管理和预防转变，对减少非点源污染、保护水资源具有重要意义。

20世纪80年代，非点源污染问题进一步成为全球关注的焦点。这一时期的研究在地域范围上更加广泛，涉及的污染类型也更加多样，特别是对因素分析和农药等污染物迁移机理的研究取得了显著进展。在非点源污染模型的发展上，除建立新的应用模型外，还特别加强了3S［遥感（RS）、全球定位系统（GPS）、地理信息系统（GIS）］技术在面源污染定量负荷计算、管理和规划中的应用。这种跨学科的整合，为面源污染问题的定量化研究和精确管理提供了有力工具。在此期间，一系列非点源污染模型被提出并广泛应用于面源污染的负荷定量计算、控制效果评价、营养物在土壤与地表的迁移规律研究及面源污染的管理与政策制定。例如，化学污染物径流负荷和流失模型（Chemicals，Runoff，and Erosion from Agricultural Management Systems，CREAMS）[26]、农业非点源污染模型（Agricultural Non-Point Source，AGNPS）[27]，以及水侵蚀预测预报模型（Water Erosion Prediction Project，WEPP）[28]等，这些模型为理解和控制非点源污染提供了重要支持。1987年，美国雨水控制被正式纳入国家污染物排放削减体系（National Pollution Discharge Elimination System，NPDES）计划，并在《清洁水法修正案》中提出了雨洪最佳管理措施（Stormwater BMPs）。该项BMPs旨在通过一系列生态可持续的综合性措施（如雨水塘、雨水湿地、渗透池等）来控制径流的水量和水质，进而减少非点源污染。此后，大量的BMPs工程在美国得以实施，为改善水质和保护环境做出了积极贡献。

自20世纪90年代至今，随着计算机技术的飞速进步，非点源污染研究领域取得了显著的突破。研究人员开始构建大型化、实用化的机理模型，桌面式地理信息系统的栅格数据分析功能和空间处理能力得到大幅提升。非点源污染模型与GIS技术的耦合研究成为主流趋势，推动了具有数学计算、空间信息处理、数据库技术及可视化表达等功能的非点源污染模型的持续开发。BASINS（Better Assessment Science Integrating Point and

Non-point Sources）[29]和SWAT（Soil and Water Assessment Tool）[30]等模型就是这一时期的典型代表。

在模型应用方面，面源污染负荷估算、面源污染管理模型以及面源污染风险评价成为研究的重点[31]。通过结合GRASS/GIS、ARC/INFO与WEPP、AGNPS、USLE等模型，研究人员能够更准确地识别面源污染高风险区域，展示多种面源污染输出结果，绘制水源防护区范围，并设计地表水监测网络[32]。计算机软件的发展，如混合专家系统[33]和多语种面源污染模型软件[34]的出现，为面源污染的研究、削减和控制提供了前所未有的便利。这些模型在全球范围内得到了广泛的应用[35-37]，为改善环境质量做出了重要贡献。

在BMPs的基础上，美国在20世纪90年代提出了低影响开发（LID）技术，这是一种创新的城市雨水管理理念，旨在通过源头控制策略有效管理城市暴雨径流，同时实现雨水资源的可持续利用[38]。LID技术在美国得到了广泛的推广和实践，并受到了全球范围内的关注。新西兰、韩国和中国等国家[39-41]纷纷学习和采用LID技术，以应对城市化进程中面临的水环境问题。与此同时，英国在借鉴美国BMPs的基础上，提出了可持续城市排水系统（SUDS）的概念。SUDS强调通过自然与人工设施相结合的方式，从源头控制径流和潜在的污染源，以实现城市排水系统的可持续发展[42]。2010年，英国出台了《洪水与水资源管理法案》，明确提出了对洪水风险管理、水资源管理及SUDS的推广和应用，为城市水环境管理提供了重要的法律支持。

1.3 国内研究进展

我国在20世纪80年代才开始重视雨水径流污染的研究，在城市雨水径流污染研究方面，夏青在1982年率先对北京地表沉积物及其污染物含量进行了测定，并据此评估了地表径流的污染状况[43]；在农业雨水径流污染研究方面，我国学者主要针对湖泊、水库的富营养化问题进行研究[44]，包括在滇池、太湖、于桥水库等地的探索性工作，这些研究为后续雨水径流污染研究奠定了坚实的基础。在研究方法上，我国学者积极借鉴国际上的先进经验，尝试建立径流污染数学模型。在城市雨水径流污染方面，研究者主要从径流量与污染负荷的关联性、单位线法地表物质累积规律等角度入手，如温灼如等构建的苏州暴雨径流污染概念模型，该模型将降雨作为输入、将径流与污染量作为输出，通过线性的水量单位线和污染负荷单位线来计算流量和污染负荷量[45]。在农业雨水径流污染方面，基于受纳水体水质分析的经验统计模型得到了广泛应用，这类模型主要通过分析汇水区的水质数据，结合农业生产活动的特点，来计算农业雨水径流污染的输出量。例如，朱萱等在于桥水库对农田暴雨径流进行水质、水量同步监测，利用统计分析方法建立了预测区域非点源污染负荷量的统计模型[46]。此外，在我国，通用土壤流失方程也被用于面源污染高风险区域的识别研究[47]，这标志着我国在雨水径流污染研究方面的进一步深入。然而，当时的雨水径流污染研究主要集中在农业雨水径流污染和城市雨水径流污染的宏观特征与污染负荷定量计算模型的初步探索上，尚未形成完整、系统的研究体系[48]。

进入20世纪90年代，我国的雨水径流污染研究更加活跃。在城市雨水径流污染研究中，为精确计算污染负荷，研究者引入了分雨强计算方法，为城市雨水径流污染负荷的定量化分析提供了创新手段[49]。而在农业领域，对农药、化肥造成的雨水径流污染研究聚焦于宏观特征、影响因素以及黑箱经验统计模式。例如，辜来章等采用USLE模型、SACRAMENTO模型和营养输出模型，成功分析了滇池流域径流污染的时空变化及营养物特性[50]。章北平则运用黑箱模型评估了东湖流域农业区径流污染物的排放量[51]。随着技术的进步，研究者开始将农业雨水径流污染和城市雨水径流污染负荷模型与3S技术相结合，并与水质模型对接，以优化流域水质管理。董亮等利用地理信息系统软件构建了西湖流域非点源污染信息数据库，为深入研究这一区域的非点源污染提供了宝贵的数据支持[52]。此外，李怀恩等开发的机理型流域暴雨径流响应模型[53]，为雨水径流污染研究提供了新的视角和工具，在当时具有里程碑意义。

21世纪以来，我国雨水径流污染研究取得了显著进展，其研究内容主要聚焦于以下四个关键方面：

第一，在基础研究方面，研究者们深入探讨了雨水径流污染的发生机理、传输过程、污染负荷量的估算方法、关键源区的识别技术、受纳水体的环境容量及水污染预测预报等[54-55]。如郭心仪等针对城市沥青屋面、砖砌路面、油毡屋面和绿地四种典型城市下垫面的雨水径流污染水平、径流水质变化特征和初始冲刷效应进行了研究[56]；徐垦等采用降雨过程密集连续监测、雨后径流追踪监测的方法，结合降雨特征和土地利用方式分析粤西典型农业村镇降雨事件中氮素浓度和形态的时空变化规律[57]；周明涛等建立了降水量与雨水径流污染之间的回归模型，并运用“灰色理论”对雨水径流污染年负荷量进行了预测[58]。

第二，在技术研究方面，研究者们致力于雨水径流污染的监测和防治技术。汪诗超、李嘉炜等提出了基于光纤传感技术的透水铺装雨水径流监测系统，可收集透水铺装产生的雨水径流并测得径流中的悬浮物浓度[59-60]；施卫明等提出了包括“源头减量—生态拦截—循环利用—生态修复”在内的多种防控策略[61]，为农业面源污染的治理提供了理论指导和实践案例；邢玉坤等、马珍等和杨正等多位学者则针对城镇合流制管道溢流污染控制技术进行了深入研究[62-64]。

第三，在评估方面，研究者们对雨水径流污染控制技术的实施效果进行了全面评估。齐飞等对城镇雨水径流污染控制技术进行了技术成熟度评估，并构建了绩效评估体系[65]；梁家辉则对北京和深圳等城市雨水径流污染控制工程绩效进行了实证研究[66]；郭瀛莉等提出了基于工程规划和海绵城市理念的水量水质效果评估监测体系[67]。

第四，在政策、经济和法律保障体系方面，研究者们致力于构建完善的保障框架。姚海蓉等基于美国经验，提出了适合我国雨水径流管理的法律法规建议[68]；冷罗生则通过考察面源污染的“源”和“汇”两个阶段，提出了完善面源污染法律法规的建议[69]。这些研究为我国雨水径流污染的防治提供了有力的政策支持和法律保障。

第2章

雨水径流污染特征

2.1 雨水径流产生的原因

基于下垫面的差异，可以将雨水径流细分为城市雨水径流和农业雨水径流。这两种类型的雨水径流，因其所处环境（下垫面）的不同，在形成过程和机理上存在明显的差异。简言之，城市的硬质地面和农业的自然土壤对降雨的响应和处理方式各不相同，从而导致了不同类型的雨水径流。

2.1.1 城市雨水径流污染产生的原因

城市雨水径流污染是一种由降雨引发的特定水污染现象。在雨水的冲刷和淋洗作用下，城市大气及地表累积的污染物会随径流进入排水系统，进而经历收集、输送和处理等多个环节。这些污染物通过复杂的汇集、迁移和排放方式，最终进入受纳水体，导致水质下降。

从污染特性来看，这种污染因其“分散产生”的特点，常被称为城市面源污染或城市非点源污染。同时，由于大部分污染物经由排水系统集中进入受纳水体，因此也呈现出“集中排放”的显著特征。这种污染以面状发生、网状输送、多点集中排放的方式呈现，且其影响具有周期性间歇式的特点，使其成为城市中一种较为复杂且需高度关注的水污染形式。

城市雨水径流污染产生的根本原因可归结为快速的城镇化进程。随着城市的迅猛发展，土地利用状况发生了显著变化，对城市水环境产生了深远的影响。

第一，城市中不透水区域面积的大幅增加是导致雨水径流污染的重要因素之一。建筑屋面、道路、广场、停车场等不透水地面迅速增多，这些区域的雨水渗透能力极低，导致地表径流系数增大。相较于自然地面，如砂石地面、黏土地面和草坪，不透水地面在降雨形成径流前的蓄水能力极为有限，通常只能保持不足1 mm的雨水。这种土地利用类型的改变不仅使径流峰值出现的时间提前，而且显著增加了城市地表径流总量和峰值流量。

第二，城市化进程中社会经济活动规模的增加与强度的增大加剧了城市雨水径流污染。随着城市人口密度的增加和经济活动的扩张，各种人类活动排放的污染物在城市地表累积了大量的污染负荷。这些污染物包括工业废水、生活污水、固体废物等，它们通过雨水冲刷作用形成污染物浓度较高的城市地表径流。这些径流中的污染物最终进入受纳水体，对水质和水生态系统造成严重的负面影响。

2.1.2 农业雨水径流污染产生的原因

农业雨水径流污染是指在农业生产过程中由于化肥、农药、地膜等农业化学品的不合理使用，以及畜禽水产养殖废弃物、农作物秸秆等处理不及时或不当，所产生的氮、磷、有机质等营养物质以及有毒有害物质中只有很少的一部分被农作物吸收，其余大部分残留在土壤中，在雨水的淋洗及冲刷作用下进入受纳水体，对水生态环境造成的污染。

1. 农田面源污染

在种植业生产过程中，为确保农作物的生长和收获，化肥、有机肥和农药等农用化学品的广泛应用成为必要手段。然而，这些物质易在土壤中累积，进而在降雨和灌溉的驱动下，通过径流、淋溶、侧渗等方式向水体迁移。其中，肥料中的氮、磷等元素和农药中的有机组分构成主要污染物，同时肥料中的氨气和农药的有机组分也可能通过挥发进入大气，随后通过大气的干湿沉降再次进入水体。

此外，农田废弃物如农作物秸秆等在腐烂过程中产生的氮、磷及有机物质，同样会通过径流、淋溶、侧渗等方式向水体迁移。这些污染物的迁移过程并非单向且直线，而是受到多种因素的影响，如沉降、吸附、生物利用等，导致部分污染物在沟渠、河道等地方滞留，甚至发生形态变化而损失，如氮素的反硝化作用。

农田面源污染的特征显著，其污染类型不仅包括氮、磷等无机污染，还包括农药带来的有机污染，呈现出复合污染的特性。这种污染具有污染面广、量大、主体多、源分散且隐蔽的特点，其发生的时间和空间具有随机性和不确定性，给监测和量化工作带来了极大的困难，从而增加了污染控制的难度。

2. 畜禽养殖面源污染

畜禽养殖污染因其养殖类型的差异，其污染的表现形式也有所不同。在规模化养殖场中，污染主要呈现出点源污染的特征。这种污染形式的特点在于污染物产量大且排放集中，由于规模化养殖场的养殖密度高，产生的粪便等污染物数量庞大，往往超出了周边土地的消纳能力。然而，这些污染物相对易于收集和处理，因为规模化养殖场通常配备有相应的环保设施和处理系统。

相较于规模化养殖场，分散养殖户则主要面临面源污染的问题。面源污染具有分布广泛、难以监控的特点，主要是因为分散养殖户通常采用粗放式的分散养殖方式，且广泛分布于村旁水塘、河流附近。这些养殖户普遍缺乏环保意识和污染处理设施，导致畜禽粪便等污染物被随意堆放、丢弃。在雨水冲刷的作用下，这些污染物极易流失并进入受纳水体，从而造成严重的环境污染。

畜禽粪便成为面源污染主要有以下几个途径：一是农田施肥过程中的氮、磷淋失。当畜禽粪便作为有机肥料施入农田后，其中的氮、磷等元素容易随径流进入受纳水体，造成水体污染。二是不当储存和运输导致污染物泄漏。畜禽粪便在储存和运输过程中，若管理不当，可能导致污染物泄漏，直接污染土壤和水体。三是养殖环境简陋导致污染物直接进入受纳水体。许多养殖场建在室外，且清洁生产水平低，导致畜禽粪便随意露天堆放，没有做好防水措施。在降雨或渗流作用下，畜禽粪便中的排泄物直接进入受纳水体，造成严重的污染。据统计，畜禽养殖液体排泄物进入受纳水体的流失率可达30%～40%。

2.2 雨水径流污染物研究

雨水径流污染物主要包括悬浮颗粒物、重金属、营养物质等。

1. 悬浮颗粒物

悬浮颗粒物是城市不透水下垫面径流中重要的污染物之一，并且它们是雨水径流中化学需氧量、总氮、总磷、重金属、多环芳烃等多种污染物所依附的载体。这些悬浮颗粒物的浓度、形态对雨水径流中其他污染物的性质和分布有显著影响。同时，悬浮颗粒物在雨水径流和溶解性污染物的化学反应过程中扮演着重要角色。

悬浮颗粒物的性质与其粒径密切相关。在城市降雨过程中，颗粒物的粒径变化范围很大，从1 μm到1000 μm不等。这种变化不仅受到降雨条件和地形条件的影响，还与采样点和采样方法的选择有关[70]。

在雨水控制利用措施的结构设计、运行及维护中，颗粒物的粒径大小是一个关键因素。这是因为颗粒物的粒径大小直接影响雨水径流污染的净化效率。具体来说，与污染物相关的颗粒物的粒径大小决定了其在水体中的悬浮状态和迁移能力，进而影响污染物的去除效果。

因此，在城市雨水径流污染的研究中，颗粒物含量及其粒径分布是一个研究重点。通过了解和控制颗粒物的含量和粒径分布，可以有效地提高雨水径流污染的净化效率，保护城市水环境的质量。

2. 重金属

在雨水径流污染研究中，镉、铬、铜、铅、锌等重金属浓度是主要的测定对象，而铝、砷、铁的浓度测定相对较少。这些重金属污染物在雨水径流中的含量存在显著的地区差异性，并且与雨水径流中的固体物质，特别是总悬浮固体中的小颗粒浓度密切相关。通常，颗粒越小，污染物的金属浓度越高。

具体来说，雨水径流中的铅、镉、铬大部分以颗粒形式存在，而锌、铜则相对更多以溶解态存在[70]。这一发现揭示了重金属在雨水径流中的赋存状态，对理解其迁移、转化和生态风险具有重要意义。Beck等研究了高污染径流中重金属铜、铅、锌的含量，发现其浓度与总悬浮固体之间存在较好的相关性[71]。这一发现进一步证实了重金属与颗粒物之间存在紧密联系。Herngren等的研究也支持了这一点，他们研究了生活区、商业区和工业区三种功能区路面沉积物中的重金属含量，发现其最大浓度均赋存于0.45～75 μm粒径的颗粒物中[72]。Zhao等研究了北京的城中村、学校、居民区和主干道路面沉积物中的重金属含量，发现小于44 μm粒径的路面颗粒物中重金属含量最高[73]。

多数学者在研究雨水径流中重金属的含量时发现，重金属与总悬浮固体具有较好的相关性，且小粒径颗粒物赋存的重金属含量更高[74]。这一结论不仅为重金属在径流中的迁移和转化机制提供了重要的科学依据，也为雨水径流污染控制和治理提供了有力的技术支持。在实际应用中，可以通过控制雨水径流中的总悬浮固体浓度和粒径分布，来降低重金属的迁移和生态风险。

3. 营养物质

在雨水径流中，营养物质扮演着至关重要的角色，它们主要包括氮、磷以及多种有机化合物。这些营养物质对水体生态系统的影响深远，既可能促进生物生长，也可能在过量时引发一系列环境问题，其中最显著的就是水体富营养化现象。

营养物质在雨水径流中的迁移和转化机制较为复杂，可以从游离态转为颗粒附着态，或转化为溶解态。磷和有机物多以颗粒附着态存在，氮的赋存形态存在较大差异，氮在颗粒物中的累积效应相对磷和有机物要小[70]。通常通过测定总氮、总磷和化学需氧量来表征雨水径流中营养物质的含量。

Wei等在对厦门短历时雨水径流的研究中发现，大部分雨水径流样品中约有60%的总氮以溶解态形式存在[75]。这表明在厦门地区，溶解性氮是雨水径流中氮类物质的主要赋存形态。李立青等在汉阳大道地表径流污染形态的研究中揭示了不同的结果，化学需氧量、总氮、总磷中颗粒态的比例分别为58%、65%、92%，表明在汉阳大道地区，磷类物质主要以颗粒附着态的形式存在，而氮类物质则更倾向于以颗粒附着态和溶解态混合的形式存在[76]。特别值得注意的是，总氮中有机氮的比例高达75%，且有机氮以颗粒附着态为主。这一发现与地表卫生状况、晴天累积效应以及垃圾管理等因素有关，揭示了城市地表特性对雨水径流中氮类物质赋存形态的重要影响。Talor等对澳大利亚墨尔本雨水径流中氮的形态进行的研究显示，雨水径流中氮类物质主要以溶解态赋存，比例高达约80%[77]。这一结果与厦门地区的研究结果相似，进一步证实了溶解性氮在雨水径流中的普遍性和重要性。

综上所述，通过对常规污染物指标的形态分析，我们可以发现道路径流中磷类物质多以颗粒附着态存在，而氮类物质的形态则受各地环境的影响存在较大的差异。一般而言，溶解性氮类物质在雨水径流中占较大的比例，但具体比例可能因地区、城市地表特性、环境管理等因素而有所不同。这些发现对制定有效的雨水径流污染控制策略和水质管理具有重要的指导意义。

2.3 雨水径流污染的影响因素研究

雨水径流污染是由自然过程引发并在人类活动影响下得以强化的，它与流域降雨过程密切相关，受流域水文循环过程的影响和支配，其中雨水径流过程是最直接的驱动力，而人类的土地利用活动是雨水径流污染的根本原因。降雨特征、季节、大气沉降、下垫面类型、人类活动等均会对雨水径流的污染强度产生影响。

2.3.1 降雨特征的影响

降雨特征作为影响雨水径流水质的关键因素，主要包括场次降水量、降雨强度、降雨历时、降雨雨型、前期干期天数以及降雨事件场次和场总降水量等。其中，前期干期天数、降水量、降雨强度、降雨历时等因素对雨水径流中污染物的浓度具有显著影响。

前期干期天数直接影响地表累积污染物的数量。一般而言，随着前期干期天数的延长，地表累积的污染物会逐渐增多。当降雨发生时，这些累积的污染物便容易被雨水径流冲刷进入受纳水体，进而影响雨水径流水质。降水量与降雨强度、降雨历时密切相关。当降雨强度增大、降水量增加时，雨水径流冲刷地表的能力随之增强，能够裹挟、夹带更多的污染物进入受纳水体。然而，随着降水量的进一步增加，稀释作用逐渐占据主导，使雨水径流中的污染物质量浓度降低[78-79]。

Lee等的研究进一步验证了这一观点，他们发现前期干期天数和降雨强度是影响道路雨水径流初期冲刷效应的主要因素[80]。边博通过对镇江市主干道雨水径流的研究发现，前期干期天数与雨水径流中特定粒径颗粒物的体积分数、污染物浓度及初期雨水径流中溶解态污染物浓度呈正相关关系[81]。李俊奇等对深圳光明新区典型下垫面雨水径流的分析揭示了降雨特征对雨水径流污染物浓度的影响机制。他们发现场次雨水径流平均浓度（EMC）与前期干期天数、平均雨强呈正相关关系，而与降水量、降雨历时、最大雨强呈负相关关系。此外，他们还观察到污染物的冲刷存在一个临界雨强，小于该雨强时，污染物以冲刷和溶解为主；大于该雨强时，污染物则以稀释为主[82]。欧阳威等对北京城区不同下垫面雨水径流污染物的研究也支持了上述观点。他们发现污染物浓度随着前期干期天数、降雨历时的增加而增加，随着降水量、降雨强度的增加而降低[12]。

需要注意的是，降雨历时对雨水径流污染物的浓度变化也有重要影响。较短的降雨历时可能导致路面累积的污染物仍有残留，使末期雨水径流仍保持较高浓度。而较长的降雨历时，尤其是在其间出现较大雨峰时，强劲的雨水径流冲刷可将前期累积于地表的大部分污染物挟带进入径流，随后污染物浓度迅速下降，中后期维持较低水平。这表明前期累积的路面污染物已被冲刷干净。然而，若降雨过程继续，雨水径流后期污染物浓度略有增加，则表明可能存在雨期污染源即时排污现象[79]。

蔡成豪等的研究进一步揭示了不同降水量对雨水径流中重金属浓度的影响。他们发现，在小雨和中雨事件中，随着降雨历时的增加，重金属浓度均先达到峰值再下降并趋于平稳。然而，在中雨事件中，降水量和降雨强度较大，雨水对街尘进行了迅速、有效的冲刷，导致重金属浓度下降更快且末期重金属浓度低于小雨事件中的浓度[83]。

可见，降雨特征对雨水径流中污染物水平的影响是复杂而多样的。在流域水环境管理中，需要充分考虑降雨特征的变化及其对雨水径流水质的影响，以制定有效的防控措施和应对策略。

2.3.2 季节的影响

雨水径流污染在不同季节受到的外界干扰因素具有显著差异，这些差异直接导致污染物浓度的季节性变化。陈莹等对西安市主干道36场降雨及3场融雪径流的研究揭示，不同污染物的来源和季节变化之间存在紧密联系。具体而言，雨水径流中的悬浮物、化学需氧量和氨氮的浓度随季节呈现出明显的波动。悬浮物浓度和化学需氧量受到交通污染源排放和大气降尘的共同影响，呈现出冬季和春季较高、秋季最低的趋势。这反映了在寒冷季节，由于受气象条件影响和交通活动的增加，地表累积的污染物更容易被冲刷进入径流。此外，氨氮的浓度主要受到雨水溶解大气中含氮化合物的影响，因此其浓度在秋冬采暖季达到最高，而夏季最低，这与雨水本身的特性密切相关。相较之下，铅和锌的浓度在各季节之间的差异并不显著，这主要是因为它们来源于交通污染源的排放，而道路交通量并不随季节发生显著变化[13]。

蔡成豪等在临安区的研究进一步证实了季节变化对道路雨水径流中重金属浓度的影响。他们发现，由于临安区大气污染状况的季节性差异（冬季＞秋季＞春季＞夏季），在秋冬季，空气污染物浓度高，雾霾天气较多，污染物不易扩散，空气质量较差。这导致含重金属的颗粒物更容易随雨水进入地表径流，从而使秋冬季雨水径流中铅、锌、铬、镍等重金属的浓度较高[83]。

2.3.3 大气沉降的影响

大气沉降通常被细分为干沉降和湿沉降两种形式。干沉降主要涉及通过重力、湍流等作用，使大气中的污染物直接沉降到地表的过程；湿沉降则主要是通过降水将大气中的污染物挟带至地面，使其成为雨水径流污染的一部分进入受纳水体。

Joshi在对生活区和工业区39场降雨事件的研究中明确指出大气沉降是生活区雨水径流中重金属污染物的主要来源之一。这一发现进一步强调了大气环境质量对地表水体质量的重要影响，尤其在城市化进程中，随着不透水地面的增加，雨水径流成为连接大气和水体的主要途径[84]。Sabin等在对洛杉矶不透水区域的研究中也得到了类似的结论。他们发现，大气沉降是雨水径流中微量重金属的重要来源，其贡献比例达57%～100%。这一数据不仅揭示了大气沉降对雨水径流污染的贡献，也反映了在特定高污染地区大气沉降对水质安全的潜在威胁[85]。

可见，大气沉降是雨水径流污染物的重要来源之一，尤其是重金属等微量污染物的来源。这一发现对理解城市水环境质量的变化机制、制定有效的水环境保护政策具有重要意义。在未来的城市规划和环境管理中，应充分考虑大气沉降对雨水径流污染的影响，采取相应措施减少大气污染物排放，降低雨水径流污染的风险。

2.3.4 下垫面类型的影响

下垫面类型对雨水径流污染具有显著影响，这一点在多项研究中得到了验证。郭文景等在对长江中、下游居民区不同下垫面雨水径流污染的研究中发现，重金属污染在交通主干道尤为严重[86]。交通主干道车流量巨大、轮胎磨损以及汽油燃烧等因素，导致铜、铅、锌、镉等重金属浓度较高。相较之下，其他下垫面（如人行道、停车区、绿地等）由于污染源和污染因素较少，重金属污染相对较轻[87]。王龙涛等对重庆典型城镇区雨水径流污染的研究也揭示了类似的结果，餐饮路面的营养性污染物含量较高，而油库路面雨水径流的重金属污染最为严重，其次是交通路面和屋面[14]。董莉莉等在对重庆市山区校园不同下垫面雨水径流的研究中发现重金属浓度在人流量较大的下垫面（如广场）呈现出波动大、风险低的特征，而在车流量较大的下垫面（如交通干道、道路）则表现出稳定但风险高的特征[88]。任玉芬等对中国科学院生态环境研究中心内不同下垫面雨水径流进行的水质检测结果显示，屋面、道路及草坪雨水径流污染较为严重。主要污染物包括化学需氧量、总氮、总磷、五日生化需氧量等，且这些污染物的平均浓度均超过《地表水环境质量标准》（GB 3838—2002）V类标准。其中，草坪的总磷污染最严重，屋面的总氮污染最严重，而路面的化学需氧量和五日生化需氧量污染最严重[89]。

此外，路面坡度也被认为是影响道路雨水径流水质的重要因素之一。道路坡度的增加会增加车辆轮胎与路面的摩擦力，导致更多的轮胎磨损和燃料消耗，进而可能使路面上产生更多的污染物。王倩等对国内典型城市雨水径流初期累积特征的研究表明，山地城市的雨水径流污染物浓度明显高于其他城市，这可能与路面坡度有关[90]。

2.3.5 人类活动的影响

人类活动主要包括工业生产、农业生产和生活活动。

1. 工业生产

在工业生产过程中，无论是重工业还是轻工业，均会产生大量复杂多样的污染物。这些污染物与雨水混合后形成径流，进而对地表水体造成污染。由于工业生产区特殊不透水路面的特征，降雨时污染物更容易累积，从而增加了对环境的潜在危害[91]。

针对工业生产区的雨水径流污染，学者进行了深入的研究。例如，张士官等对青岛市李沧工业园的雨水径流进行了研究，发现重金属元素铜、锌、铅之间存在显著的关联性，并且悬浮物与重金属、化学需氧量等污染物之间也呈现较好的相关性，这表明这些污染物可能具有共同的来源[92]。类似地，吴民山在对天津滨海临港工业区的径流特征进行研究时也发现，氨氮、镍、铜、锌、镉、铅等六种溶解性水质指标之间存在显著的正相关关系，特别是锌和铜的拟合系数最高，进一步证实了这些污染物可能来自同一源头[93]。

与其他功能区相比，工业生产区的雨水径流污染具有明显的地域特征。李东亚在对东莞市同沙水库工业聚集区雨水径流的研究中发现，该区域的主要污染来源为工业区的多环芳烃与铁、锌、铅、铜等重金属，且这些污染物的EMC值明显高于商住混合区和生态停车场[94]。颜子俊等对温州市各功能区地表雨水径流污染的研究也表明，工业区在雨水径流污染中总氮和铵态氮的负荷最高，总磷和化学需氧量的负荷也相对较高[95]。

2. 农业生产

农业污染主要源于雨水对农田土壤的冲刷，这一过程导致土壤中或土壤表面的污染物（如农药、化肥以及人畜排泄物等）随着径流进入地表水体，从而对水环境造成污染。这种污染不仅影响水体的自然生态平衡，更直接威胁人畜的饮用水质量，最终可能对人体健康造成不良影响。

农田施肥和施药是农业生产过程中的重要环节，但这些活动也会对水质产生影响。例如，磷肥常被用作农作物生长的肥料，然而，磷肥的组成不仅包含磷的氧化物，还包含多种具有潜在危害性的重金属元素。若磷肥的施用不加节制，这些重金属元素则会在土壤中逐渐富集。在雨水的淋滤作用下，这些重金属会随着雨水径流进入河湖等水体，从而增加水体的污染负荷[96]。张雷等在对辽宁省营口市水稻种植区农作物整个生产周期的研究发现，农田施肥和施药后，总氮、总磷的质量浓度在水质中均有显著增加，其中总氮质量浓度的上升尤为显著[97]。这一结果表明，农田施肥和施药是农业面源污染的重要来源之一。

除农田施肥和施药外，人畜排泄物也是农业生产区雨水径流污染的一大来源。谢飞等对曲靖阿岗水库雨水径流区的农业面源污染情况进行了研究，结果表明，人畜排泄物是该雨水径流区污染负荷的主要来源，占比高达54.28%。在这些污染物中，总磷和总氮是主要污染物，尤其总磷，占比达43.48%[98]。

3. 生活活动

生活活动污染主要是指由人类日常活动直接或间接造成的水环境污

染。这些活动包括但不限于交通运输和城市生活污水排放等。

交通运输区域雨水径流污染物及其来源复杂，路面雨水径流污染物主要包括颗粒物、有机物、营养盐和重金属等，这些污染物主要来源于废气排放、机油泄漏、轮胎磨损等。根据Marsalek的研究，发动机润滑油是交通运输中多环芳烃的重要来源[99]；吴杰等对上海市郊道路污染物多环芳烃来源的研究表明，不同区域的污染来源存在显著差异，人口密集的商业区雨水径流中多环芳烃主要来源于燃气和燃煤，而交通排放源和石油源也占据一定比例，在货车通行较多的高速路雨水径流中，交通排放和燃煤源占据主导地位，石油源和炼焦源次之[15]；杨志运用特征比值法和PMF模型法对武汉市青山区和洪山区雨水径流中多环芳烃的来源进行了解析，结果表明，这两个区域雨水径流中的多环芳烃均来源于石油泄漏和不完全燃烧[16]。多环芳烃是一类具有致癌性的有机污染物，其来源的多样性增加了治理的难度。武美静运用主成分分析法对西安市路面重金属来源进行了分析，结果显示，交通源（机动车损耗及尾气排放）对铅、锌、铜、铬、镍、铜等重金属的贡献率高达59.59%，其中，锌主要来源于轮胎磨损、润滑油泄漏和防腐镀锌汽车板的脱落；铅主要来源于汽油燃烧、润滑油、刹车片及车漆脱落；铬主要来源于用于汽车构件的各种合金；镍主要来源于汽车尾气、刹车片及引擎的磨损；铜主要来源于刹车里衬的磨损[17]。

此外，道路材质、清扫方式及频率均会对街尘的分布与积累产生影响。研究表明，沥青街道更容易沉积细粒街尘，由城市街尘导致的径流污染对水环境也具有一定威胁[18]。Helmreich等在德国道路雨水径流的研究中发现，道路清扫频繁是路面雨水径流中悬浮物等污染物并没有随着干期天数的增加而明显增加的重要原因[100]。然而，一些研究者认为，某些清扫方式可能将大粒径颗粒物破碎，使路面上细小颗粒物增加。这些细小颗粒物在雨水冲刷下更易进入受纳水体，导致雨水径流中污染物的浓度增加[101]。

城市排水系统也是影响雨水径流污染的重要因素之一，其中合流制排水系统尤为突出。当流量超过管道截留能力时，合流制管道中的废水会直接溢流到地表水体中，形成瞬时污染源，即合流制管道溢流污染[102]。合流制管道溢流污染的特征相当复杂，涉及降水径流、管网冲淤和污染释放等多个过程[103]。在这些过程中释放的污染物种类繁多，主要包括耗氧物质（如五日生化需氧量、化学需氧量和铵根离子等）、营养物质（如氮、磷）、有毒有害物质（如氨气、重金属等），以及微生物（如粪便细菌等）[104]。在人类活动强度大、降水少的特大型城市中，合流制管道溢流污染问题尤为严重。例如，Zhang等的研究指出，北京市合流制管道溢流水体中的化学需氧量浓度超过《地表水环境质量标准》（GB 3838—2002）V类标准17倍，总磷浓度超6倍[105]。同样，李贺等对上海市合流制排水区域的研究也发现，雨天溢流的化学需氧量和五日生化需氧量平均浓度分别高达614 mg/L和208.5 mg/L，远超《地表水环境质量标准》（GB 3838—2002）V类标准[106]。此外，重金属和病原微生物的污染也不容忽视。在西班牙和巴黎的合流制管道溢流污染中，重金属（如锌）的浓度较高[103]，而意大利东北部沿海旅游区在大雨事件中，合流制管道溢流水体中的大肠杆菌和肠球菌负荷极高，溢流水体仅占排放总量的8%，却承载着超过90%的微生物负荷[107]。更有研究指出，合流制管道溢流水体中还可能存在诸如病毒等病原体[108]。

2.4 雨水径流污染的特征及危害

2.4.1 城市雨水径流污染特征

城市雨水径流污染过程复杂而动态多变，既与工业企业和污水处理厂等典型点源不同，又区别于农村的雨水径流污染，其产生与排放具有以下特点：

一是产生过程的随机性和不确定性。影响城市雨水径流污染的很多因素都带有不确定性。例如，在地表污染物累积和冲刷过程中，两场降雨之间的间隔时间、单场降雨历时、降雨强度等关键变量都存在随机性和不确定性。

二是污染负荷的时空差异性。受降雨过程的影响，城市雨水径流挟带的污染负荷随时间变化的特征非常显著，由于降雨随机性的存在，城市雨水径流的污染负荷并不稳定。另外，不同城市功能区中人类活动方式与强度存在相当大的空间差异，不同区域地表污染物的性质、累积的数量和冲刷的程度不尽相同，导致雨水径流带来的污染负荷存在较强的空间差异性。

三是排放形式的复杂性。污染物晴天时在城市地表累积，降雨时通过冲刷进入径流，经由排水系统收集、输送、处理后进入受纳水体。因此，这种污染形式具有“面状发生、网状输送、多点集中排放周期性间歇式影响”的时空特征，呈现面源和点源的双重特性。

不仅如此，不同体制的排水系统对雨水径流污染物进入受纳水体的方式有明显影响，包括直接进入受纳水体、被收集到雨水管网后经处理或不经处理后排入受纳水体、以混合污水的形式进入污水处理厂得到处理后排放、被收集到污水管网后受管网能力限制以混合雨污水溢流的方式进入受纳水体等多种情形。

2.4.2 农业雨水径流污染特征

农业雨水径流污染具有以下特点：

一是分散性。固定污染源通常具有明确的坐标和排污口，而农业面源污染来源分散、多样，没有明确的排污口，地理边界和位置难以识别和确定，难以开展有效的监测。

二是不确定性。固定源污染物的排放通常具有明确的时间规律，容易确定排放量和组分，而农业面源污染的发生受自然地理条件、水文气象特征等因素影响，污染物在向土壤和受纳水体迁移的过程中，呈现时间上的随机性和空间上的不确定性。例如，农田面源污染产生量受降雨的强烈影响，降水量越大、降雨强度越高，污染产生量就越大。

三是滞后性。固定源污染物通过管道直排进入环境，能够对环境质量产生直接影响，而农业面源污染受到生物地球化学转化和水文传输过程的共同影响，农业生产残留的氮、磷等营养元素通常会在土壤中累积，并缓慢地向外环境释放，对受纳水体环境质量的影响存在滞后性。

四是双重性。固定源污染物成分复杂，常含有重金属、持久性有机污染物等有害物质，对生态环境和人体健康构成严重威胁。相较而言，农业面源污染物的成分则较为单一，以氮、磷等营养物质为主。在适当的条件下，这些营养物质对农业生产而言是一种宝贵的资源，有助于促进作物生长和提高产量。然而，当这些营养物质进入受纳水体或在土壤中过量累积时，便转化为污染物，可能导致水体富营养化、土壤板结等问题，进而对生态环境造成负面影响。

2.4.3 雨水径流污染的危害

雨水径流污染给受纳水体带来的水环境问题主要包括以下五个方面：

一是耗氧有机物输入导致水体缺氧。

在雨水径流中往往含有大量的有机污染物，这些污染物来源广泛，包括但不限于农田中施用的化肥、畜禽养殖产生的粪污、日常生活中丢弃的垃圾、自然环境中掉落的树叶和草，以及各类杂乱无章的废弃物。当这些有机污染物进入水体后，它们会经历一个自然的降解过程，而这一过程会大量消耗水中的溶解氧。特别是在暴雨过后，城市河湖中的溶解氧往往会被迅速消耗至极低水平，这与雨水径流中挟带的大量有机污染物有直接且密切的关系。一旦水体中的溶解氧含量降至一个临界值以下，水体便容易陷入缺氧状态，进而引发水体黑臭现象。在这种环境下，水生生物的生存将受到严重威胁，如鱼类可能会因缺氧而大量死亡。

二是营养物质输入导致富营养化风险。

营养物质主要包括溶解态和非溶解态的氮、磷化合物，几乎普遍存在于各个区域的雨水径流中。当这些营养物质进入水流缓慢、停留时间长的地表水体（如湖泊和水库）时，它们会在光照和气温适宜的条件下为藻类等浮游植物提供丰富的营养来源。这些浮游植物因此能够迅速繁殖，形成“水华”或“藻华”现象。这种快速的生物繁殖过程会对水体生态系统造成一系列负面影响。首先，它会破坏水体的溶解氧平衡，因为大量的浮游植物在生长和死亡过程中会消耗大量的溶解氧，导致水体缺氧。其次，这种生物过度繁殖会降低水体的透明度，影响水质和生态系统的健康。最后，它还会降低水体的美学价值，对湖泊和水库等水体的旅游和休闲功能造成不利影响。

三是悬浮固体负荷增加。

悬浮固体是雨水径流污染的主要污染物之一。根据相关研究，城市雨水径流中的悬浮固体粒径中值普遍在5～10μm。这一微小的粒径使悬浮颗粒在通过过滤设备等物理处理设施时，易于穿过滤料而直接进入水体。更为严重的是，这些悬浮颗粒往往成为其他污染物的载体，如重金属、有机物质等，这些污染物会紧密地吸附在悬浮颗粒表面，形成复杂的污染物组合。即便经过过滤处理，这些吸附在悬浮颗粒表面上的污染物也难以被有效去除，进而对水体水质造成严重影响。

四是多种有毒有害污染物影响水生生态系统健康。

雨水径流中常见的有毒有害污染物种类繁多，其中包括重金属、有机农药、多氯联苯（PCBs）、多环芳烃（PAHs）、抗生素和激素等。这些污染物对城市和农村的水体安全构成了严重威胁。

关于重金属，几乎所有的城市雨水径流中均含有一定量的重金属物质，但不同地区的雨水径流中其重金属含量存在显著差异。具体来说，铅主要来源于含铅涂料和油漆的使用；铜主要来源于汽车制动瓦片和建筑防腐材料；锌主要来源于屋面材料和轮胎磨损；镉主要来源于大气沉降和建筑物外墙材料。在农田雨水径流中，重金属的主要来源是化肥，特别是磷肥，其中镉的含量往往较高。

对于有机农药、多氯联苯和多环芳烃等有机污染物，其主要来源包括农田、果园等区域施用的农药，以及机动车辆排放的废气和大气的干湿沉降等。这些有机污染物在降雨过程中被冲刷进入径流，进而对水体造成污染。

此外，抗生素和激素等污染物也常见于雨水径流中。它们主要来源于畜禽粪肥的施用，这些物质通过雨水径流进入水体，可能会给水生生态系统和人类健康带来潜在风险。

五是细菌和病毒的潜在危害。

在雨水径流中，细菌和病毒的存在对人体健康构成了潜在的严重威胁。我国城市雨水径流中常见的病原体包括沙门氏菌、绿脓杆菌、志贺氏菌属及肠道病毒等，这些病原体主要来源于合流制排水管道在降雨期间的溢流污水以及宠物等动物的排泄物。

合流制排水管道在降雨期间的溢流污水为细菌和病毒提供了重要的传播途径。这些病原体通过雨水冲刷进入径流，进而污染水体和土壤，对人类和动物的健康构成威胁。此外，宠物等动物的排泄物也是细菌和病毒的重要来源之一，这些排泄物中的病原体可能通过直接或间接的方式进入人体，引发感染。

雨水径流污染负荷监测评估方法

雨水径流带来的非点源污染主要包括城市非点源污染和农业非点源污染，为了有针对性地管控径流污染，需要准确评估雨水径流污染水平。雨水径流污染负荷（Runoff Pollution Load，RPL）是指降雨引起地表径流排放的污染物的总量。由一场降雨所引起地表径流排放的污染物总量称为次降雨污染负荷，而由一年中的多场降雨所引起的地表径流排放的污染物总量称为年降雨污染负荷[109]。

一般来说，雨水径流污染负荷评估方法主要可以分为集总式模型和分布式模型两种[110-111]。

集总式模型主要通过回归分析的手段建立污染源和监测断面之间的关系，得出污染源合理的相关输出系数，估算整个流域的污染物输出量。集总式模型主要有平均浓度法[112-113]、华盛顿政府委员会方法[114]、降水量比例法[113]、年污染负荷经验公式法[114]、相关关系法[115-116]、输出系数法[117-118]等，其中输出系数法使用较为广泛。

集总式模型的精度较低，优点是对数据的需求比较低，能够简便计算出流域出口或区域单元总污染负荷，表现出较强的实用性和一定的准确性。但由于难以描述污染物迁移的路径与机理，模型应用有限，且所取经验系数受限于区域，阻碍了系数的通用性和模型的可转移性。因此，这类模型的关键在于如何合理地确定相关经验系数。

分布式模型主要是对流域产汇流过程、水土流失过程和污染物迁移转化过程进行机理层次上的模拟，估算污染源的强度和输出负荷量。分布式模型主要有ANSWER、SWMM、BASINS、SWAT、AGNPS、HSPF等[109, 118-120]模型，各模型的简单比较见表3-1。本书主要介绍SWMM模型和SWAT模型。

表3-1　主要的分布式模型比较

模型	起始时间	适用尺度	污染源	时间	分辨率	备注
HSPF	1976年	多流域	点/面	连续	min/s	氮磷和农药、复杂污染物平衡
ANSWER	1977年	多流域	面源	连续	min/s	氮磷负荷、复杂污染物平衡
SWMM	1971年	多流域	点/面	连续	min/s	易降解/难降解污染物
SWAT	1996年	多流域	点/面	连续	d/h	氮磷负荷、复杂污染物平衡
BASINS	1989年	多流域	点/面	连续	d/h	点源与非点源整合、多目标选择
CREAMS	1979年	单流域	面源	连续	min/s	考虑氮磷负荷、简单污染物平衡
GLEAMS	1986年	单流域	面源	连续	d/h	更多考虑农药地下迁移
AGNPS	1987年	多流域	点/面	连续	min/s	氮磷和化学需氧量（COD）
L-THIA	1994年	多流域	点/面	连续	min/s	氮磷负荷、污染物平衡
SWRRB	1984年	多流域	点/面	连续	min/s	氮磷负荷、污染物平衡
LOAD	1996年	多流域	点/面	连续	d/h	计算生化需氧量（BOD）、氮磷负荷
CNPS	1996年	单流域	点/面	连续	d/h	氮磷负荷、污染物平衡
ROTO	1990年	大流域	点/面	连续	d/h	水库水文和泥沙

分布式模型具有较好的耦合作用，模拟精度较高，也可在后期加入LID以及BMPs措施进行具体的流域模拟，但模型前期所需数据庞大，需要长期的气象、地形、地表资料及长期实测的水文、水质监测数据，且建模时要求拟合程度高，需进行反复多次的率定、验证，才能用于流域模拟。分布式模型虽估算成本较高，但估算结果的实际意义较大。故而在应用分布式模型模拟流域状况时，关键是采用长期的动态跟踪以获得上述各类参数。

3.1 集总式模型

3.1.1 平均浓度法

平均浓度法是根据地表径流污染负荷的基本概念得出的。按照污染负荷的概念，某种污染物的径流污染负荷可用地表径流量与该污染物浓度的乘积来表示。则一年中第i场降雨的污染负荷可表示为

$$L_i = \int_0^{T_i} C_{it} Q_{it} \mathrm{d}t \tag{3-1}$$

式中，L_i为一年中第i场降雨的污染负荷，g；C_{it}为一年中第i场降雨地表径流中某污染物在t时刻的瞬时浓度，mg·L^{-1}；Q_{it}为一年中第i场降雨地表径流在t时刻的径流量，m^3·s^{-1}；T_i为一年中第i场降雨的总历时，s。

由于地表径流监测过程一般很难做到连续监测，所以式（3-1）也可近似表示为

$$L_i = \sum_{t=1}^{n} C_{it} V_{it} \tag{3-2}$$

式中，C_{it}为第i场降雨第t时间段所测的污染物浓度，mg·L^{-1}；V_{it}为第i场降雨在t时刻的径流体积，m^3；n为第i场降雨时间分段数。

一年中的多场降雨的污染负荷之和即为年降雨污染负荷：

$$L_y = \sum_{t=1}^{m} L_i \tag{3-3}$$

式中，L_y为年降雨污染负荷，g；m为一年的降雨次数。

由于在任意一场降雨引起的地表径流过程中，降雨强度随机变化，径流中污染物的浓度随时间变化很大（呈数量级的变化），所以在式（3-1）中污染物的浓度可采用EMC这一概念进行计算。EMC的定义为任意一场降雨引起的地表径流中排放的某污染物质的质量除以总的径流体积。可用式（3-4）表示：

$$\mathrm{EMC}=\frac{M}{V}=\frac{\int_0^T C_t Q_t \, \mathrm{d}t}{\int_0^T Q_t \, \mathrm{d}t} \tag{3-4}$$

式中，M为某场雨水径流所排放的某污染物的总量，g；V为某场降雨所引起的总地表径流体积，m^3；C_t为某污染物在t时刻的瞬时浓度，$\mathrm{mg \cdot L^{-1}}$；Q_t为地表径流在t时刻的径流量，$\mathrm{m^3 \cdot s^{-1}}$；$T$为某场降雨的总历时，s。

在实际应用中EMC一般用式（3-5）近似计算。式（3-5）中的符号意义同式（3-2）。

$$\mathrm{EMC}=\frac{\sum_{t=1}^{n} C_t V_t}{\sum_{t=1}^{n} V_t} \tag{3-5}$$

式中，V_t为某场降雨在t时刻的径流体积，m^3。

那么一场雨水径流全过程的污染物质量负荷可由EMC与总雨水径流量之积表示：

$$L_i=\int_0^{T_i} C_{it} Q_{it} \, \mathrm{d}t=(\mathrm{EMC})_i \int_0^{T_i} Q_{it} \, \mathrm{d}t=(\mathrm{EMC})_i V_i \tag{3-6}$$

一年中的多场降雨的污染负荷之和即为年降雨污染负荷：

$$L_i = \sum_{i=1}^{m} L_i = \sum_{i=1}^{m} = (\mathrm{EMC})_i V_i \quad (3\text{-}7)$$

式中，V_i为第i场降雨的地表径流体积，m^3；$(\mathrm{EMC})_i$为第i场降雨的EMC浓度，$mg \cdot L^{-1}$。

由式（3−7）可知，只要知道一年中各场降雨所引起的地表径流污染物的平均浓度和各场降雨的径流量，即可求得年降雨污染负荷。一年中第i场降雨所引起的地表径流体积和降水量的关系可用式（3−8）表示：

$$V_i = 0.001\varphi_i A_i \int_0^{T_i} \gamma_{it}\,\mathrm{d}t = 0.001\varphi_i A_i P_i \quad (3\text{-}8)$$

式中，φ_i为第i场降雨的地表径流系数；A_i为第i场降雨的集雨面积，m^2；γ_{it}为第i场降雨t时刻的降雨强度，$mm \cdot s^{-1}$；P_i为第i场降雨的降水量，mm；0.001为单位换算因子。则一年中第i场降雨所引起的地表径流污染负荷可用式（3−9）计算：

$$L_i = (\mathrm{EMC})_i V_i = 0.001(\mathrm{EMC})_i \varphi_i A_i P_i \quad (3\text{-}9)$$

年降雨污染负荷便可按式（3−10）计算：

$$L_y = 0.001 \sum_{i=1}^{m} (\mathrm{EMC})_i \varphi_i A_i P_i \quad (3\text{-}10)$$

在利用式（3−10）计算地表径流年降雨污染负荷时需要知道一年内每场降雨的径流体积及EMC值，这是很难做到的，因此在一些计算模型中常根据年平均降水量和多场降雨的径流平均浓度来计算年降雨污染负荷。

3.1.2 华盛顿政府委员会方法

1987年美国学者Schueler提出了一种称为简便方法的计算模型，用于估算城市开发区污染物排出量，这种方法是基于美国国家城市雨水径流污染研究计划（NURP）在华盛顿地区所得到的数据而开发的一种方法。模型为[114]

$$L_t=(C_F\varphi APC)/0.01 \quad (3-11)$$

式中，L_t为计算时段t内雨水径流排放污染负荷，kg；C_F为用于对不产生地表径流的降雨进行校正的因子（产生径流的降雨事件占总降雨事件的比例），如果一年中90%的降雨产生径流，则C_F=0.9，在计算一次降雨事件的污染物排出量时，C_F=1.0；φ为径流区平均径流系数，计算方法为径流量（m^3）/降水量（m^3）；A为径流集雨面积，hm^2；P为计算时段t内的降水量，mm；C为污染物的径流量加权平均浓度，$mg \cdot L^{-1}$；0.01为单位换算因子。

需要指出的是，Thomson等[122]于1997年在明尼苏达州进行的研究证明至少要对15～20场雨水径流进行实测计算，得到的径流平均浓度才能较为准确地代表该地的地点平均浓度，从而才能进一步利用式（3-11）准确计算该地的年降雨污染负荷。

3.1.3 降水量比例法

如果某地的雨水径流监测资料有限，则可按监测降水量占年降水量的

比例估算城市雨水径流污染负荷。计算公式为

$$L_y=0.001P\frac{\sum_{i=1}^{m}(C_i\Delta Q_i\Delta T_i)}{\sum_{i=1}^{m}(\Delta T_iI_iA_i)} \tag{3-12}$$

式中，L_y为污染物年负荷量，kg·（hm^2·a）$^{-1}$；P为年降水量，mm·a^{-1}；C_i为对应ΔT_i时段的地表径流样品中污染物浓度，mg·L^{-1}；ΔQ_i为对应ΔT_i时段的径流量，m^3·h^{-1}；ΔT_i为采样时段，h；$\sum_{i=1}^{m}\Delta T_i$为累计采样时间，h；I_i为ΔT_i时段的降雨强度，mm·h^{-1}；A_i为ΔT_i第i场降雨的集雨面积，m^2；m为采样次数；0.001为单位换算因子。式（3-12）给出了利用多次雨水径流测试数据估算年降雨污染负荷的近似方法。

3.1.4 年平均污染负荷经验公式法

1977年Heaney等为美国国家环境保护局开发了一套用于城市规划设计时估算雨水径流年平均污染负荷量的模型，是基于美国国家环境保护局经过多年的监测数据统计得到的经验公式，该方法如下[114]：

对分流制排水系统，单位面积雨水径流年平均污染负荷量的计算公式为

$$M_s=\alpha PsF \tag{3-13}$$

对合流制排水系统，单位面积雨水径流年平均污染负荷量的计算公式为

$$M_c=\beta PsF \tag{3-14}$$

式中，M_s、M_c分别为分流制排水系统及合流制排水系统的雨水径流年平均污染负荷量，kg·（hm^2·a）$^{-1}$；α、β分别为分流制排水系统及合流制排水系统污染负荷因子，kg·（mm·人）$^{-1}$；P为年降水量，mm·a^{-1}；

s为街道清扫的效率系数；F为人口密度的函数，人·（hm^2）$^{-1}$，特定土地利用地区单位为$m^3 \cdot h^{-1}$。

3.1.5 相关关系法

3.1.5.1 非点源负荷-降水量差值相关关系法

在流域水质监测资料中，其污染物成分既包括点源排放的污染物，也包括非点源排放的污染物。如何从流域水质监测资料中将点源负荷和非点源负荷区分开来一直是一个难点。由于非点源污染的产生受降水量和雨水径流过程的影响，其负荷与降水量的大小密切相关。可以认为，晴天或雨天不产生地表径流时流域的污染全部为点源污染；只有当发生暴雨并产生地表径流时，两者才会同时发生。又由于点源污染相对稳定，可以认为年内点源污染负荷为一常数。由此可以得到任一场洪水产生的污染负荷[115]：

$$\begin{cases} L_n = f(R) \\ L_p = \mathrm{C} \\ L = L_n + L_p = f(R) + \mathrm{C} \end{cases} \quad (3\text{-}15)$$

式中，L_n为雨水径流污染负荷（非点源污染负荷），kg；L_p为点源污染负荷，kg；L为出口断面年总负荷，kg；R为降水量，mm；$f(R)$为L_n与降水量R的函数关系，kg；C为年内点源污染负荷，kg，是一常数。

那么，对于任意两场降雨，有

降雨A：$L_A = L_{n,A} + L_{p,A} = f(R_A) + \mathrm{C}$ （3-16）

降雨B：$L_B = L_{n,B} + L_{p,B} = f(R_B) + \mathrm{C}$ （3-17）

则$L_A - L_B = [f(R_A) + \mathrm{C}] - [f(R_B) + \mathrm{C}] = f(R_A) - f(R_B)$

$= L_{n,A} - L_{n,B} = f(R_A - R_B)$ （3-18）

式中，L_A、L_B分别为出口断面在降雨A、B过程中的总负荷，kg；$L_{n,A}$、$L_{n,B}$分别为降雨A、B过程的径流污染负荷（非点源污染负荷），kg；$L_{p,A}$、$L_{p,B}$分别为降雨A、B过程的点源污染负荷，kg；R_A、R_B分别为降雨A、B过程的降水量，mm；$f(R_A)$、$f(R_B)$分别为$L_{n,A}$与R_A、$L_{n,B}$与R_B的函数关系，kg。

式中的物理意义可以解释为：任意两场降雨（或任意两年）产生的污染负荷（包括点源和非点源）之差应为这两场（或这两年）降水量之差引起的非点源污染负荷。因此，可以建立降水量差值与污染负荷差值（非点源负荷）之间的相关关系，而不必考虑各年因点源污染产生的负荷。

3.1.5.2 非点源负荷-泥沙相关关系法

营养物在土壤中的迁移转化过程及其随泥沙迁移的过程非常复杂，受土壤性质、吸附解吸、侵蚀过程、径流形成、植物吸收等多方面因素的影响。实际上，考虑颗粒态污染物迁移是土壤侵蚀与泥沙输移的一部分，可采用富集比概念，通过建立污染负荷与泥沙之间的关系来估算污染负荷[116]，一般表达式为

$$Y_i = S_{is} ER_i Y_s \quad (3-19)$$

式中，Y_i为第i种污染物的负荷量或浓度，kg；S_{is}为流域内土壤表层中第i种污染物的含量，kg·t^{-1}；ER_i为第i种污染物的富集比，即河流某断面或流域出口处泥沙中该种污染物的含量与泥沙来源的土壤中污染物含量的比值；Y_s为河流某断面或流域出口处的输沙量或含沙量，t。

对于特定流域与污染物来说，式（3-19）中的S_{is}和ER_i可视为常数，即颗粒态污染物负荷量与输沙量之间呈近似线性关系。首先，对典型流域

的次径流过程中水质（包括泥沙）、水量同步监测资料进行分析，扣除基流负荷量，求出各种污染物的次暴雨非点源污染负荷量，进而得到单位面积的次暴雨非点源污染负荷量；其次，根据各次暴雨径流的单位面积输沙量和单位面积营养物负荷量的分析结果，即可建立研究区域的非点源负荷–泥沙相关关系。

3.1.6 输出系数法

20世纪70年代初期，美国、加拿大在研究土地利用–营养负荷–湖泊富营养化关系的过程中，首次提出并应用了输出系数法（或称单位面积负荷法）[117]。1996年Johnes[118]开发了研究更为细致、输出系数更为完备的输出系数模型（以下简称Johnes输出系数模型），该模型是最为经典的输出系数模型，后续各国学者对Johnes输出系数模型进行了改进。

2003年Endreny等[123]将径流因子和植被因子引入模型，分析了坡位对流域非点源污染的影响；2004年蔡明等[124]将降雨因子引入模型，估算了渭河流域总氮（TN）负荷。2014年李思思等[125]和2015年Wang等[126]在模型中引入截留因子和产污因子，2017年庞树江等[127]在模型中引入产污强度、径流、下渗和景观截留4个影响因子，2022年Guo等[128]在模型中引入大气沉降、迁移、入河、降雨、地形、下渗和保留率7个影响因子，对输出系数模型改进后评估了区域非点源污染。将地形和降雨因子引入Johnes输出系数模型的改进模型被称为常用输出系数模型。目前，常用输出系数模型广泛应用于非点源污染的模拟。但常用输出系数模型忽略了污染物在迁移过程中的损失量，需要进一步改进。

2023年李华林等[129]通过对非点源污染物迁移物理过程的模拟，量化产流、产沙和下渗过程中污染物的损失率，提出新的改进输出系数模型（本书称其为改进输出系数模型）并将其运用于北运河上游流域非点源污染评估，发现其对非点源污染模拟精度显著提高。本书将介绍Johnes输出系数模型、常用输出系数模型和改进输出系数模型。

3.1.6.1 Johnes 输出系数模型

Johnes输出系数模型根据土地利用、畜禽和居民生活等污染源产生的污染负荷对区域非点源污染进行评估。其特点如下：①对种植不同作物的耕地采用不同的输出系数；②对不同种类牲畜根据其数量和分布采用不同的输出系数；③对人口的输出系数主要根据生活污水的排放和处理状况来选定。计算公式为

$$L=\sum_{t=1}^{n} E_i A_i+P \tag{3-20}$$

式中，L为污染物年流失量，kg·a^{-1}；E_i为第i种污染源输出系数，kg·（hm^2·a）$^{-1}$或kg·（头·a）$^{-1}$或kg·（人·a）$^{-1}$；A_i为第i类土地利用类型面积（hm^2）或第i种畜牧数量（头）或人口数量（人）；P为降雨输入的污染物总量，kg·a^{-1}。

输出系数E_i表示的是流域内不同土地利用类型各自不同的污染物输出率。对于牲畜而言，输出系数表示的是牲畜排泄物进入河网的比例，这中间应考虑人类收集和储存粪肥过程中氨的挥发等因素。对于人口因素，输出系数反映当地人群对含磷洗涤剂的使用状况、饮食营养状况和生活污水处理状况，计算公式为

$$E_h=365D_{ca}HMBR_sC \tag{3-21}$$

式中，E_h为人口污染物的年输出量，kg · a^{-1}；D_{ca}为每人的污染物日输出，kg ·（人 · d）$^{-1}$；H为流域内的人口数量，人；M为污水处理过程中污染物的机械去除系数；B为污水处理过程中污染物的生物去除系数；R_s为过滤层的污染物滞留系数；C为如果有解吸发生时污染物的去除系数。

降雨挟带的污染物总量可由式（3-22）计算：

$$P = \alpha c I \tag{3-22}$$

式中，P为降雨输入的污染物总量，kg · a^{-1}；α为全年降雨形成径流量的比例，即径流系数；c为雨水本身的污染物浓度，kg · m^{-3}；I为流域年降水量，m^3 · a^{-1}。

3.1.6.2 常用输出系数模型

常用输出系数模型是在Johnes输出系数模型的基础上，引入降雨修正系数和地形修正系数评估区域非点源污染。降雨修正系数表征降水量的时间不均匀性和空间分布异质性对非点源污染空间分布特征的影响；地形修正系数表征坡度对非点源污染空间分布特征的影响，计算公式为

$$L = \sum_{t=1}^{n} \alpha \beta E_i A_i + P \tag{3-23}$$

$$\alpha = \alpha_t \cdot \alpha_s = \frac{0.05R_t^2 - 25.977R_t + 5276.1}{0.05R_a^2 - 25.977R_a + 5276.1} \cdot \frac{R_t}{R_a} \tag{3-24}$$

$$\beta = \left(\frac{\theta_t}{\theta_a}\right)^{0.61} \tag{3-25}$$

式中，α为降雨修正系数；β为地形修正系数；α_t为降雨时间不均匀性影响因子；α_s为降雨空间异质性影响因子；R_t为第t年年降水量，mm；R_a为年

平均降水量，mm；θ_t为第t个单元格的坡度，（°）；θ_a为研究区域平均坡度，（°）。

3.1.6.3 改进输出系数模型

非点源污染的产生主要来源于自然过程（大气沉降和植物残留物等）和人类活动（土地利用变化、畜禽养殖、居民生活和农药化肥等）。在非点源污染的迁移过程中，大多数污染物通过附着在泥沙沉积物或溶解在径流中到达受纳水体，其他可溶或悬浮化合物从土壤表层渗透到土壤深层。在这一过程中，径流和泥沙不仅是非点源污染物的驱动力，也是污染物迁移的载体，进入受纳水体的污染物与产流量和产沙量成正比，与下渗量成反比。因此，可通过细化污染物溶于水和附着泥沙这两种主要迁移方式，量化产流、产沙和下渗过程中污染物的损失率，对输出系数模型进行改进。以此为基础评估空间单元的产流、产沙和下渗能力对非点源污染的影响，计算非点源污染负荷。采用SCS-CN模型、水土流失通用方程和淋容指数模型分别估算空间单元的产流、产沙和下渗量，改进输出系数法公式为[129]

$$L=\text{Norm}\ (\omega+\gamma+\lambda)\sum_{t=1}^{n}E_iA_i+P \tag{3-26}$$

$$\omega=\text{Norm}\left[\frac{(R_t-0.4S_t)^2}{(R_t+0.6S_t)}\right] \tag{3-27}$$

$$S_t=\frac{25400}{\text{CN}}-254 \tag{3-28}$$

$$\gamma=\text{Norm}\left[\frac{(R_t-0.4S_t)^2}{(R_t+0.6S_t)}\cdot\sqrt[3]{\frac{2\cdot\text{prec}\ (ls)}{R_t}}\right] \tag{3-29}$$

$$\lambda=\text{Norm}\ (R_e\times K_e\times L_eS_e\times C_m\times P_c) \tag{3-30}$$

式中，Norm为离差标准化法；ω为产流修正系数；γ为下渗修正系数；λ为产沙修正系数；S_t为第t年最大蓄水量，mm；CN为SCS曲线数，用来综合反映降雨前流域特征的一个综合参数，可在CN检索表（美国《国家工程手册》第九章）中根据用地类型查找对应CN值；prec（ls）为非汛期的总降水量，mm；R_e为降雨侵蚀力因子，MJ·mm·（hm^2·h·a）$^{-1}$；K_e为土壤可蚀因子，t·h·（MJ·mm）$^{-1}$；L_eS_e为地形因子，量纲一；C_m为植被覆盖与管理因子；P_c为水土保持措施因子。产沙修正系数λ公式相关指标（R_e、K_e、L_eS_e、C_m、P_c）的计算方法参照Zuo等[130]的研究成果，公式为

$$R_e=\sum_{t=1}^{12}1.735\times 10^{\left(1.5\times\log_{10}\frac{P_i^2}{P}-0.8188\right)} \tag{3-31}$$

式中，P_i为第i月的平均雨量，mm；P为年平均雨量，mm。

P_c的值与用地类型有关，水域、建设用地的P_c值为0，水田的P_c值为0.35，旱地的P_c值为0.60，林地、草地、荒地的P_c值均为1.00。

$$K_e=\left\{0.2+0.3e^{\left[-0.0256S_a\left(1-\frac{S_i}{100}\right)\right]}\right\}\times\left(\frac{S_i}{C_i+S_i}\right)^{0.3}\times 1-\left[\frac{0.25C}{C+e^{(3.72-2.95C)}}\right]\times\left\{1-\frac{0.7\left(1-\frac{S_a}{100}\right)}{\left(1-\frac{S_a}{100}\right)+e^{\left[-5.51+22.9\left(1-\frac{S_a}{100}\right)\right]}}\right\} \tag{3-32}$$

式中，S_a、S_i、C_i、C分别为砂石、淤泥、黏土、有机质的百分比含量。

$$L_eS_e=\left(\frac{u}{22.13}\right)^{\alpha} \tag{3-33}$$

$$\alpha=\left(\frac{\beta}{\beta+1}\right)^{\alpha} \tag{3-34}$$

$$\beta=\frac{\sin\theta}{3\times(\sin\theta)^{0.8}+0.56} \tag{3-35}$$

式中，u为坡长，m；α为可变坡长指数；β为与斜率值相关的因子；θ为斜率值。

$$C_m=\begin{cases} 1 & (f_c=0) \\ 0.6508-0.3436\log_{10}f_c & (0<f_c<78.3\%) \\ 0 & (f_c\geqslant 78.3\%) \end{cases} \quad (3-36)$$

$$f_c=\frac{(\mathrm{NDVI}-\mathrm{NDVI}_{\min})}{(\mathrm{NDVI}_{\max}-\mathrm{NDVI}_{\min})} \quad (3-37)$$

式中，f_c为植被覆盖度；NDVI为每个像元的植被指数，$\mathrm{NDVI}_{\max}$和$\mathrm{NDVI}_{\min}$分别为研究区域NDVI的最大值和最小值。

3.2 分布式模型

3.2.1 SWMM模型

3.2.1.1 SWMM模型简介

SWMM 模型即 Storm Water Management Model，它是由美国国家环境保护局支持，联合诸如美国水资源公司、佛罗里达大学、梅特卡夫-埃迪公司等企业、学校研发的一款动态的降水-径流模型。相较于其他同类的模型，它具有上手简单、人机交互画面友好、模型复杂、功能全面、源代码开放等优点，但同时对模型需求的资料要求较高，需要其他软件如 ArcGIS、ENVI 等软件的辅助支撑[131]。

SWMM 模型自20世纪 70 年代研发至今，经过 50 多年的发展已经相当完善。SWMM模型可执行水文、水力和水质模拟，主要有以下作用：①模拟暴雨情况下雨水径流对城市管网的冲击，从而对城市排水系统进行评估并改造增加相应内涝区域的排水系统组件；②自然渠道系统泛洪区的地图绘制；③最小化合流制排水管道溢流的设计控制策略；④评价进流量和渗入对污水管道溢流的影响；⑤计算面源污染负荷即非点源污染物负荷，对区域面源污染情况进行评估；⑥评价BMPs，降低预计污染物负荷的有效性。

自SWMM 模型问世以来，研究者通过不断地比较分析，发现 SWMM 模型有以下不足之处：①SWMM 模型在模拟雨水径流过程中，忽视了蒸发过程，缺少相应的模块，以致模型精度下降；②SWMM 模型没有考虑雨水管网中污染物的沉积过程，导致计算出的污染负荷量精度下降；③对数据要求较高，如果没有丰富完善的下垫面信息、管网数据及水文气象数据，则模型的精度往往达不到实际工作要求的标准，增加了工作的难度；④模型兼容性差，与常用软件如 ArcGIS、CAD 等数据往往并不通用，需要借助第三方软件来转换；⑤水动力模型功能有限，如存在难以直接计算出淹没深度等问题。

针对存在的不足，有相关机构或个人利用 SWMM 源代码开放的特性在原有的基础上对其加以改进，形成了诸多 SWMM 模型的衍生版本[23]。现有以下几种主要的衍生模型如表 3-2所示。

表 3-2　SWMM 的几种衍生模型

模型名称	开发单位或个人	相关改进
MIKE URBAN	DHI	可与GIS对接；可自动率定；包含生物过程模块，模拟化合物反应过程

续表

模型名称	开发单位或个人	相关改进
PCSWMM	CHI	可将SWMM数据导入GIS当中；可进行参数敏感性分析
XPSWMM	XP Soft	可执行二维模拟；可与GIS与CAD对接；增强了动力波方面解决问题的能力
InfoSWMM	MWH Soft	对复杂雨水管网系统有超强的模拟效果
OTTSWMM	Wisner、Kassem	可用于双排水系统模拟的搭建，同时解决主要与次要系统流动方程

3.2.1.2 SWMM模型原理

SWMM 模型主要由水文模块、水力模块和水质模块组成。其各个模块的运行原理如下。

1. 水文模块

水文模块主要包括地表径流模型和下渗模型。

（1）地表径流模型

该模型根据土地的利用情况和地表排水走向，将一个流域划分为若干个排水子流域，根据各排水子流域的特性计算各自的径流过程，并通过流量演算的方法将各排水子流域的出流组合起来。每一个排水子流域包含各自的渗透和不渗透面积分数，综合有无洼地的因素将每个排水子流域分为三部分（S1透水区域、S2有洼地不透水区域、S3无洼地不透水区域）。根据三者不同的特性，其在模型中的输出项有所差别。在模型中，排水子流域的主要输入项是降雨，它由模型中的雨量计模拟掌握。而输出项则来自洼蓄、土壤下渗及雨期蒸发等。当输入项大于输出项时，才会发生地表径流的情况。其中，在S1透水区域，降水量减去蒸发量、洼蓄量与下渗量后产生径流；S2有洼地不透水区域则是降水量减去蒸发量与洼蓄量后产生径流；S3无洼地不透水区域则是降水量减去蒸发量即可产生径流。将以上三者产生的径流流量叠加，即可得到此排水子流域的径流总量。

1）S1透水区域产流量

透水区域地表降雨损失包括洼蓄、土壤下渗和雨期蒸发。产流量计算见式（3-38）：

$$R_1 = (i-f) \cdot \Delta t - E \tag{3-38}$$

式中，R_1为透水区域的产流量，mm；i为降雨强度，$mm \cdot s^{-1}$；f为入渗强度，$mm \cdot s^{-1}$；Δt为降雨时长，s；E为降雨期间的蒸发量，mm。

2）S2有洼地不透水区域产流量

有洼地不透水区域地表降雨损失包括洼蓄和雨期蒸发。产流量计算见式（3-39）：

$$R_2 = P-D-E \tag{3-39}$$

式中，R_2为有洼地不透水区域的产流量，mm；P为降水量，mm；D为洼蓄量，mm；E为降雨期间的蒸发量，mm。

3）S3无洼地不透水区域产流量

无洼地不透水区域地表降雨损失为雨期蒸发。产流量计算见式（3-40）：

$$R_3 = P-E \tag{3-40}$$

式中，R_3为无洼地不透水区域的产流量，mm；P为降水量，mm；E为降雨期间的蒸发量，mm。

（2）下渗模型

在地表径流的产生过程中，因为蒸发量所占比例很小，SWMM模型选择对其忽略不计，洼蓄量是由研究区域的地形决定的。而对地表径流产生较大影响的下渗量，SWMM模型则提供了三种不同的模型来供研究者使用，分别是Horton模型、Green–Ampt模型和SCS–CN模型。

1）Horton模型

Horton模型是1933年Horton在经过大量的土壤入渗试验后，经过长期观察所提出的一套经验方程。方程因为其与具体实测情况匹配度较好而被广泛采用。其方程具体内容如下：

$$f=f_t+(f_0-f_t)\mathrm{e}^{-kt} \tag{3-41}$$

式中，f为下渗率，$\mathrm{mm}\cdot\mathrm{h}^{-1}$；$f_0$为初始下渗速率，$\mathrm{mm}\cdot\mathrm{h}^{-1}$；$f_t$为稳定下渗速率，$\mathrm{mm}\cdot\mathrm{h}^{-1}$；$k$为下渗衰减系数，$\mathrm{h}^{-1}$；$t$为下渗时间，h。

根据式（3–41），其方程的原理也显而易见，即在一场长时间的降雨过程中，下渗衰减指数从初期的最大下渗速率减少到某一最小值。需要指出的是，公式为纯经验公式，方程也未考虑前期土壤含水量的情况且在降雨强度超过入渗强度时才有效，需要在实际情况中根据具体情况进行分析修改。

2）Green–Ampt模型

Green–Ampt模型，是Green与Ampt于1911年提出的一套公式。相较于纯经验的Horton模型，Green–Ampt模型则是带有实际物理含义的公式，且考虑了Horton模型未考虑的前期土壤含水量的情况。其公式由两个阶段组成，分别是土壤未饱和阶段与土壤饱和阶段。其具体内容为

①当$F<F_s$时：

$$\begin{cases} i>K_S,\ F_S=\dfrac{S\cdot \mathrm{IMD}}{\dfrac{i}{K_S}-1},\ f'=i \\ i\leqslant K_S,\ F_S=0,\ f'=0 \end{cases} \tag{3-42}$$

②当$F \geqslant F_S$时：

$$\begin{cases} f = f_p \\ f_p = K_S\left(1 + \dfrac{S \cdot \mathrm{IMD}}{F}\right) \end{cases} \tag{3-43}$$

式中，f'为下渗率，$\mathrm{mm \cdot s^{-1}}$；f_p为稳定下渗率，$\mathrm{mm \cdot s^{-1}}$；i为降雨强度，$\mathrm{mm \cdot s^{-1}}$；F为累积下渗量，mm；F_S为饱和累积下渗量，mm；S为湿润峰处的平均毛细管吸力，mm；IMD为初始不饱和度；K_S为土壤饱和水力传导率，$\mathrm{mm \cdot s^{-1}}$。

3）SCS-CN 模型

SCS-CN 模型是由美国土地保护局（Soil Coservation Service，SCS）在20世纪50年代开发的一种经验模型。SCS在归纳了3000多种土壤资料的基础上，提出了一个无量纲参数CN。CN是用来综合反映降雨前流域特征的一个综合参数，其与流域土壤湿润状况、植被、土壤类型、土地利用、地形等因素有关。该产流计算方法结构简单、方便，同时可以考虑土地利用变化对产流的影响，因此成为目前应用广泛的经典径流计算方法。美国许多土壤侵蚀模型都运用该方程进行径流量计算，其公式为

$$q = \frac{(R-0.2S)^2}{(R+0.8S)} \tag{3-44}$$

$$S = \frac{25400}{\mathrm{CN}} - 254 \tag{3-45}$$

式中，q为径流量，mm；R为降水量，mm；S为水土保持参数，mm，与土壤类型、土地利用类型、农田管理措施以及地面坡度有关，在时间上与土壤含水量有关，可由CN求得；CN为SCS曲线数，是用来综合反映降雨前流域特征的一个综合参数，可在CN检索表（美国《国家工程手册》第

九章）中根据用地类型查找对应CN值。

2. 水力模块

水力模块主要包括管网的汇流模型，负责演算整个管网、节点、雨水调节构筑物等内部的水流运动情况及外部进流情况。其演算的方法基于不同原理可分为恒定流法、动力波法及运动波法。

（1）恒定流法

恒定流不考虑流速随时间变化而变化，因此由流速决定的其他水流要素也不会发生改变。恒定流法则基于此特性，利用曼宁方程来计算。但由于其机理简单，无法计算管网的回水、水流能量损失、逆流及有压流等情况，其应用领域受到了很大的限制，往往应用于树枝状管网长期连续性的模拟。

（2）动力波法

动力波法是SWMM模型水力模块中模拟效果最为精确的一种描述水流运动的方法，其核心是基于圣维南方程组来进行的。圣维南方程组由法国科学家圣维南于1871年提出，是一套用来描述水道和其他具有自由表面的浅水体中渐变不恒定水流运动规律的偏微分方程组，主要由反映质量守恒律的连续方程和反映动量守恒律的运动方程组成。相较于恒定流法和运动波法不能计算管网的回水、水流能量损失、逆流及有压流等情况，动力波法都能解决。

其中，圣维南方程为

$$\frac{\partial A}{\partial t}+\frac{\partial Q}{\partial}=0 \tag{3-46}$$

$$\frac{\partial Q}{\partial t}+\frac{\partial\left(\frac{Q^2}{A}\right)}{\partial x}+gA\frac{\partial H}{\partial x}+gAS_f=0 \tag{3-47}$$

式中，x为距离，m；t为时间，s；A为过流面积，m^2；Q为径流流量，$m^3 \cdot s^{-1}$；H为管网水头，m；g为重力加速度，$m \cdot s^{-2}$；S_f为摩擦坡度。式（3-46）代表连续性方程，式（3-47）代表动量方程。

（3）运动波法

运动波法对水流描述的精确度介乎恒定流法与动力波法之间。相较于动力波法完全求解圣维南方程组，它采用了一种圣维南方程组的简化形式进行推导。它在计算时考虑了水流随时间和空间的变化。但它要求水流在管网中的水面坡度与导管的坡度相同，而且同样不能计算管网的回水、水流能量损失、逆流及有压流等情况，其应用也常受到限制。一般来说，运动波法适用于时间步长较大的情况。

3. 水质模块

SWMM模型中的水质模块主要包括污染物累计模型和污染物冲刷模型，分别对应地表污染物在旱天的累积过程及在雨季时被冲刷的过程。

（1）污染物累计模型

SWMM模型允许针对每一种污染物和用地性质的组合定义不同的累积函数。因此这代表SWMM模型并没有明确的函数形式来描述污染物的累积。SWMM模型为使用者提供了三种不同的函数选项，分别是幂函数（其中线性累积是一种特殊情况）、指数函数与饱和函数。

1）幂函数

幂函数累积是累积正比于时间的特定幂，直到达到最大限值。

$$B = \mathrm{Min}\ (B_{\max},\ K_B t^N) \tag{3-48}$$

式中，B为污染物累积量，kg；t为污染物累积的时间间隔，d；$B_{\max}$为污染物的最大可能累积量，kg；K_B为污染物累积速率常数；N为累积时间指数。

时间指数N应小于1，以便计算污染物累积随时间增加的下降速率。当N等于1时，得到线性累积函数。

2）指数函数

指数函数累积遵从指数增长曲线，它渐近于最大限值。

$$B=B_{\max}\left(1-e^{-Kt}\right) \tag{3-49}$$

式中，K为速率常数，d^{-1}。

3）饱和函数

饱和函数累积开始处于线性速率，持续随着时间恒定下降，直到达到饱和数值。

$$b=B_{\max}\frac{t}{K_H+t} \tag{3-50}$$

式中，K_H为半饱和常数（达到最大累积一半的日期）。

（2）污染物冲刷模型

为了表示污染物冲刷，SWMM模型包含经验模型的三种不同选项：指数冲刷、流量特性曲线冲刷和次降雨平均浓度冲刷。

1）指数冲刷

被冲刷的污染物的量与残留在地表的污染物的量成正比，与径流流量成指数关系。

指数冲刷函数公式为

$$P_t=\frac{-dP_p}{dt}=R_c\cdot r^n\cdot P_p \tag{3-51}$$

式中，P_t为t时刻被雨水径流冲刷的污染物的量，与径流流量呈一定的指数关系，与剩余地表污染物量成正比，$kg\cdot s^{-1}$；R_c为冲刷系数；n为径流率指数；r为在t时刻的子流域单位面积的径流流量，$mm^3\cdot s^{-1}$；P_p为t时刻剩余地表污染因子的量，kg · mm^{-3}；R_c和n是该模型需要输入的参数，每种污染物对应的数值是不同的。

2）流量特性曲线冲刷

该冲刷模型假设冲刷量与径流率为简单的函数关系。污染物的冲刷模型独立于污染物的地表累积总量，公式为

$$P_t = R_c \cdot Q^n \tag{3-52}$$

式中，R_c为冲刷系数；n为冲刷指数；Q为径流流量，$mm^3 \cdot s^{-1}$。其中，R_c和n是该模型需要输入的参数，每种污染物对应的数值是不同的。

3）次降雨平均浓度冲刷

这是流量特性曲线的特殊情况，当指数为1.0时，系数代表冲刷污染物浓度，公式为

$$\text{EMC} = \frac{M}{V} = \frac{\int_0^T C_t Q_t \mathrm{d}t}{\int_0^T Q_t \mathrm{d}t} \tag{3-53}$$

式中，M为径流全过程的某污染物总量，g；V为相应的径流总体积，m^3；C_t为随径流时间而变化的污染物浓度，mg · L^{-1}；Q_t为随径流时间而变化的径流流量，$m^3 \cdot s^{-1}$；T为总的径流时间，s。EMC是该模型需要输入的参数，每种污染物的值是不同的。

3.2.2 SWAT模型

3.2.2.1 SWAT模型简介

SWAT模型即Soil and Water Assessment Tool，它是以日为时间序列计算、基于GIS空间分析的分布式流域水文模型，是由美国农业部农业研究

中心的阿蒙德于1994年开发的。模型开发的最初目的是预测在大流域复杂多变的土壤类型、土地利用方式和管理措施条件下，土地管理对水分、泥沙和化学物质的长期影响。其物理机制非常强大，在长时间性和连续性方面表现较好，能够满足年、月、日等不同时间尺度的模拟要求。

鉴于SWAT模型界面友好，自开发以来，该模型就在世界各地得到广泛应用，学者们深入总结和分析了模型的运行方式和优、缺点，不断完善程序代码和模块功能的拓展。模型从最开始的SWAT 96.2 版本逐步更新，之后进一步发展出SWAT+，水文响应单元和营养物质转运模块的增加、天气情景模拟及耕作情景输入功能的完善，大幅提高了该模型在流域水文和水质方面的模拟精度[132]。

SWAT模型在流域水文模拟上精度很高，但仍存在一些局限性。由于模拟过程多依赖经验公式，校准耗时较长，且其中涉及大量的参数，而参数的不确定性分析相关研究还需要加强[133]。流域水文过程也因地而异，尤其在我国平原地区，水系复杂交错，面源污染流失方面的模拟也较弱，该模型通过在地表土层施加均一的营养物质来模拟农业化肥施用量，但在实际农业生产中，较难达到此理想状态。

同时，因为世界各地的水文气象条件、土壤条件是存在差异的，所以需要不断优化改进SWAT模型，使其能够更好适应不同的区域，因此各国学者对此进行了深入的研究，例如，Abbaspour等[134]提出，可以在SWAT模型中加入地下水模块，模拟欧洲地区硝酸盐浸入地下水的情况，然后研究集成后模型的不确定性，使欧洲的水资源质量评估研究能够更上一个台阶。张永勇等[135]进一步改进了SWAT模型的水质模块，使该模型对BOD指标的模拟能力得到有效提高，同时设置了COD指标模拟功能，以提高

SWAT模型在中国流域特征的适应性。赖格英等[136]以横港河流域为例，针对岩溶水系特征，引入了落水洞、伏水洞、暗河的水文过程以及主要营养盐的迁移转化，修正了SWAT模型原有的水文循环过程及算法，建立了一套适用于岩溶流域非点源污染模型的模拟方法。

3.2.2.2 SWAT模型原理

SWAT模型运行过程主要分为三个子模型，分别为水文过程子模型、土壤侵蚀子模型和污染负荷子模型，其原理如下。

1. 水文过程子模型

水文过程子模型有两个过程，即水文陆地循环演算和水文河道演算，前者控制着主河道水、泥沙、营养物质和化学物质等的输入，后者控制着河网向流域出口输出的径流流量、泥沙、营养物质的量。该模型主要受天气、水文、土地利用、植物覆被、土壤湿度等条件的影响，运行重要依据是水量平衡方程，其公式为

$$\mathrm{SW}_t=\mathrm{SW}_{0i}+\sum_{i=1}^{t}(R_i-Q_i-E_i-W_i-P_i) \qquad (3-54)$$

式中，SW_t为土壤最终含水量，mm；SW_{0i}为第i天的土壤初始含水量，mm；t为时间，d；R_i为第i天的降水量，mm；Q_i为第i天的地表径流量，mm；E_i为第i天的蒸散发量，mm；W_i为第i天从土壤剖面进入包气带的水量，mm；P_i为第i天土壤回归流的水量，mm。

模型需要的天气数据以日的形式输入模型之中，水文过程子模型提供了SWAT模型水文循环模块的水文和能量输入，进而控制着SWAT模型内部的水文平衡。在降雨过程中，水分一部分被植被冠层截留，另一部分则停留在

地表，形成地表径流，当地表径流达到一定的流量就会形成径流汇入河道。在模型演算过程中，为了减少流域下垫面条件时空尺度的影响，一般按照流域中水系的走向将流域分成不同的子流域，再进一步将子流域划分成若干个水文响应单元，每个水文响应单元都由相同的土壤、土地利用和坡度组成。

2. 土壤侵蚀子模型

土壤侵蚀是指土壤或者成土母质随着时间迁移在外力的作用下被剥削、搬运和沉积的过程。SWAT模型中土壤侵蚀和泥沙负荷以水文响应单元为单位进行计算，利用修正的通用土壤流失方程——MVUSLE（Modified Version of Universal Soil Loss Equation）模拟泥沙沉积物的产出量，并在此基础上对土壤侵蚀现状进行评价。通用土壤流失方程的计算公式为

$$M_s = 11.8 \cdot (Q \cdot q \cdot A)^{0.56} \cdot K \cdot C \cdot P \cdot L \cdot C_F \tag{3-55}$$

式中，M_s为模拟日泥沙产量，t；Q为地表径流流量，$mm \cdot h^{-1}$；q为径流洪峰流量，$m^3 \cdot s^{-1}$；A为水文响应单元的面积，hm^2；K、C、P、L、C_F分别为土壤可侵蚀因子、植物覆盖和作物管理因子、水土保持因子、地形因子、粗碎块因子。

3. 污染负荷子模型

SWAT模型中污染负荷子模型主要针对土壤浅层水中的氮、磷污染负荷循环过程及BOD、农药的降解过程。模型可以模拟不同形态的氮、磷状态，有利于监测氮、磷在不同形态下的变化规律。

SWAT污染负荷子模型可以对土壤中的溶解态氮和吸附态氮分别进行计算。其中，模拟溶解态氮时主要通过输移负荷函数计算，其计算公式为

$$N_d = 0.001 \cdot C_N \cdot \frac{S}{A} \cdot \epsilon_N \tag{3-56}$$

式中，N_d为随地表径流迁移到河道的溶解态氮含量，kg · hm^{-2}；C_N为表层土壤中氮素浓度，g · t^{-1}；S为泥沙产量，t；A为水文响应单元的面积，hm^2；$\in_N$为溶解态氮的富集比。

自然界中的磷素根据形态划分，可分为溶解态磷和吸附态磷，其中吸附态磷又包括有机态磷和矿物质磷。磷素在土壤中的转运方式主要通过吸附在泥沙颗粒上进行转运的，故径流中的溶解态磷较少。土壤中的溶解态磷的输移公式为

$$P_d = \frac{P_s \times Q}{\rho_b \times d \times k_p} \tag{3-57}$$

式中，P_d为通过地表径流流失的溶解态磷，kg · hm^{-2}；P_s为土壤中（表层10mm）溶解态磷，kg · hm^{-2}；Q为地表径流量，mm；ρ_b为土壤溶质密度，mg · m^{-3}；d为表层土壤深度，mm；k_p为土壤磷分配系数，m^3 · mg^{-1}。

吸附态磷吸附在土壤颗粒上通过径流进行迁移，其含量与输沙量有关，计算公式为

$$P_m = 0.01 \times \rho_P \times \frac{m}{A} \times \in_P \tag{3-58}$$

式中，P_m为有机磷流失量，kg · hm^{-2}；ρ_P为有机磷在土壤表层（10 mm）的浓度，kg · t^{-1}；m为土壤流失量，t；A为水文响应单元的面积，hm^2；$\in_P$为磷富集系数。

BOD决定了进入地表径流中有机物分解的需氧量，SWAT 污染负荷子模型中BOD的计算公式为

$$C_{BOD} = \frac{27}{Q \cdot A} \cdot C \cdot S \cdot \in_C \tag{3-59}$$

式中，C_{BOD}为地表径流BOD浓度，kg · L^{-1}；Q为地表径流量，mm；A为

水文响应单元的面积，m^2；C为表层土壤（10 mm）中有机碳的百分比；S为泥沙产量，kg；$\in_C$为碳的富集率。

3.3 雨水径流污染特征试验

雨水径流污染负荷评估的各类模型大多基于美国和欧洲国家的地质条件和水文情况，通过大量的实验研究和统计分析得到，虽然在美国和欧洲国家应用较为广泛，但由于降水特征、土壤地形、下垫面、污染物分布特征等条件不同，雨水径流污染负荷差异较大，这些模型不能直接运用于我国的雨水径流污染负荷评估，需要通过雨水径流污染特征试验进行本地化的修正。

雨水径流污染特征试验是一种研究方法，首先将研究区域细分为不同类型的下垫面，随后从这些区域中选取具有代表性的小区域来构建雨水径流试验场。在试验场中，通过收集产流并同步监测雨水径流的水量和水质，研究人员可以深入了解不同类型下垫面的雨水径流污染特征。基于这些观测数据，研究人员能够调整和优化相关模型的参数，从而更准确地模拟和预测雨水径流污染过程。

目前，进行雨水径流污染特征试验的主要方法有两种：一是通过自然雨水径流观测，即直接利用自然界的降雨事件来收集和分析数据；二是利用人工布雨器模拟试验，即人工模拟降雨条件来创造和控制试验环境，从而获取所需的数据。这两种方法各有优、缺点，研究人员可以根据具体的研究需求和条件选择合适的方法进行试验。

3.3.1 径流试验场建设

径流试验场的建设主要是指在已选定的径流试验场上，对场地原有明渠排水系统进行改造（若没有明渠排水系统则需安装集水槽），并安装流量堰及自动观测仪器的过程。对于管理较好、安全系数高的场地安装自动水文、水质采样系统（如庭院、菜地等径流试验场）；而对于安全系数较低的场地（道路、农田、林地等径流试验场）安装自动水文观测设备（若无条件安装，则采用人工监测方法），水质采样在观测作业时以人工采样方式进行[120]。

3.3.2 径流样品采集

3.3.2.1 径流采样方法

径流采样方法主要根据其研究的目的不同分为两类[137]：一是时间等比例采样，即按照固定的时间间隔采样，目的是了解雨水径流污染物随产流过程的变化情况和不同时间段雨水径流水质的状况，同时实时记录雨水径流产生量，实现测算雨水径流污染物总量的目的；二是流量等比例采样，即按照固定的水量间隔采样，对雨水径流峰值的捕捉能力较强，主要用于研究雨水径流中有机污染物，由于有机污染物难溶于水，其采集多集中于雨水径流前期，因此采用流量等比例采样较为合适。

1. 时间等比例采样

研究雨水径流过程中各污染物随降雨时间的变化规律以及不同时间段

雨水水质的状况，其采样方法按照时间等比例进行样品收集。时间等比例采样有利于了解雨水径流过程中污染物浓度的变化，随着雨水径流时间的持续，各污染物浓度逐渐降低。

主要操作方式：在距采样点300 m空旷处安置虹吸式雨量计，同步获得场次雨量过程线。根据雨量计记录的雨量累计数据，计算不同时刻的降雨强度。从降雨开始到结束，前30 min 内，每隔10 min 采集一次；30～60 min，每隔15 min 采集一次；60～120 min，每隔30min 采集一次；之后每隔1 h采集一次，每次均采集 4 L。在降雨期间，通过流量堰及水文自动观测仪器记录各降雨时刻的径流流量数据。

2. 流量等比例采样

在对雨水径流中有机污染物（PAHs、PCBs、农药等）进行特征分析时，收集雨水的量要达到样品前处理所需的用量，即对收集的样品先过滤再进行固相萃取，再洗脱进行实验分析测量。为了保证所得结果的准确性，在采样过程中，可以同时采用时间等比例采样和流量等比例采样方法。

根据相关研究[138]，采用水量间隔16 m^3、32 m^3、64 m^3、128 m^3模拟采样时，采样点密集分布；采用水量间隔256 m^3、384 m^3、576 m^3、800 m^3模拟采样时，径流上升阶段样点逐步稀疏，但能较好地覆盖峰值过程，因此采用流量等比例采样时，可根据计划采样的样品数量设定水量间隔。

3.3.2.2 样品采集方式

分析雨水的水质变化过程需要采集降雨全过程中不同时间段的水样进行水质检测，其关键是采集到降雨全过程中不同时间段的水样，包括日间和夜间。传统的方法是人工手动采样，但是这种方法难以采集到最初的水样，也难以保障在夜晚及时采集到水样。随着科学技术的进步，采样方法由原先的人工手动采样转化为自动采集器采样或者自动、手动相结合的方式[137]，并可以对雨水径流中各个时间段的雨水样品进行采集。

自动采集器一般由雨水传感器、雨水收集器、雨水收集样品瓶、电路控制部分和机械传动部分等组成。对于初期雨水收集，使用初期雨水自动采集器，采用时间等比例采样，利用电子元件对雨水的感应进行降雨初期雨水的收集，自动识别雨水采集的时段，可调节时间间隔为1～30 min。对于有机污染物，使用自动收集器，采用流量等比例采样通常将样品瓶通过有机玻璃管道并联，当降雨开始时，雨水依次流入收集样品瓶中，若总收集量超过自动采集器设计容量时，多余的雨水由管道排出。

雨水采集器的发展极大地推动了样品采集的革新，不仅增强了样品采集的间隔性、便捷性和多样性，而且显著提高了对不同地区、不同下垫面雨水径流中随时间变化的污染物含量的监测和比较能力。自动采集器的应用解决了传统人工手动采样器在人员配置和时间设定上的局限，然而它无法根据实际天气和环境变化做出灵活调整。因此，在实际操作中，往往采用自动采集器和人工手动采集器相结合的方式，以确保样品收集的均匀性和代表性，从而更全面地反映雨水径流中的污染物特征。

3.3.3 径流流量监测

1. 流速面积法[119]

依据过水面积A与截面平均流速V，获取点位径流流量Q。流速面积法分为人工监测方法和在线监测方法。人工监测流量可选用流速仪法或浮标法，并符合《河流流量测验规范》（GB 50179—2015）的规定。在线监测流量宜选用接触式或非接触式在线流量计。过水面积根据水位和流量堰形状计算，水位可选用水尺或水位计测量。点位径流流量Q按式（3-60）计算：

$$Q=AV \tag{3-60}$$

式中，Q为点位径流流量，$m^3 \cdot s^{-1}$；A为过水面积，m^2；V为截面平均流速，$m \cdot s^{-1}$。

2. 水位-流量关系法[119]

根据径流流量Q与水位D之间的换算关系，获取点位径流流量。通过测量点位固定位置不同水位下对应的流量并进行数学关系拟合获得点位径流流量与水位之间的换算关系。径流场通过流量堰进行测量，应符合《水工建筑物与堰槽测流规范》（SL 537—2011）的要求。点位径流流量Q按式（3-61）计算：

$$Q=f(D) \tag{3-61}$$

式中，Q为点位径流流量，$m^3 \cdot s^{-1}$；D为断面水位的数值，m。

3.3.4 径流水质指标分析

通过对雨水径流水质进行分析测定，确定雨水径流中各污染物种类及浓度大小，并为统计分析雨水径流污染物随降雨历时变化规律、雨水径流污染物浓度及污染物分布特征、污染物浓度之间的相关关系及雨水径流冲刷特征提供基础数据，从而总结雨水径流污染特征。水质指标检测分析方法统一采用国标方法，具体见表 3-3。

表 3-3　水质指标分析方法

指标	分析方法	标准
悬浮物（SS）	重量法	《水质　悬浮物的测定　重量法》（GB 11901—89）
化学需氧量（COD）	重铬酸钾法、快速消解分光光度法	《水质　化学需氧量的测定　重铬酸盐法》（HJ 828—2017） 《水质　化学需氧量的测定　快速消解分光光度法》（HJ/T 399—2007）
氨氮（NH_3-N）	纳氏试剂分光光度法、蒸馏-中和滴定法	《水质　氨氮的测定　纳氏试剂分光光度法》（HJ 535—2009） 《水质　氨氮的测定　蒸馏-中和滴定法》（HJ 537—2009）
硝酸盐氮（NO_3-N）	气相分子吸收光谱法	《水质　硝酸盐氮的测定　气相分子吸收光谱法》（HJ/T 198—2005）
总氮（TN）	碱性过硫酸钾消解紫外分光光度法	《水质　总氮的测定　碱性过硫酸钾消解紫外分光光度法》（HJ 636—2012）
总磷（TP）	流动注射-钼酸铵分光光度法	《水质　总磷的测定　流动注射-钼酸铵分光光度法》（HJ 671—2013）
铜（Cu）、锌（Zn）、铅（Pb）、镉（Cd）	原子吸收分光光度法	《水质　铜、锌、铅、镉的测定　原子吸收分光光度法》（GB 7475—87）
多环芳烃（PAHs）	液液萃取和固相萃取高效液相色谱法	《水质　多环芳烃的测定　液液萃取和固相萃取高效液相色谱法》（HJ 478—2009）
多氯联苯（PCBs）	气相色谱-质谱法	《水质　多氯联苯的测定　气相色谱-质谱法》（HJ 715—2014）
有机磷农药、有机氯农药、百菌清及拟除虫菊酯类农药	气相色谱-质谱法	《水质　28种有机磷农药的测定　气相色谱-质谱法》（HJ 1189—2021） 《水质　有机氯农药和氯苯类化合物的测定　气相色谱-质谱法》（HJ 699—2014） 《水质　百菌清及拟除虫菊酯类农药的测定　气相色谱—质谱法》（HJ 753—2015）
磺酰脲类农药	高效液相色谱法	《水质　磺酰脲类农药的测定　高效液相色谱法》（HJ 1018—2019）

3.3.5 径流污染浓度测算

对雨水径流浓度的表征国内外大多数研究采用EMC[120]。EMC是由美国国家环境保护局在NURP中提出的概念，表示在单次降雨过程中产生的一类污染物的浓度均值，而后美国地质调查局（USGC）将EMC概念进行扩展，广泛用于评价雨水径流污染负荷、管理措施的有效性以及雨水径流污染对周边水体的影响，国内对雨水径流污染的研究大多也使用EMC的概念，包括研究通过实验监测获得多场降雨事件的事件平均浓度，并以此计算某区域雨水径流污染负荷的时空分布。EMC可用式（3-62）表示：

$$\mathrm{EMC}=\frac{M}{V}=\frac{\int_0^T C_t Q_t \mathrm{d}t}{\int_0^T Q_t \mathrm{d}t} \tag{3-62}$$

式中，M为某场雨水径流所排放某污染物的总量，g；V为某场降雨所引起的总地表径流体积，m^3；C_t为某污染物在t时刻的瞬时浓度，$mg \cdot L^{-1}$；Q_t为地表径流在t时刻的径流流量，$m^3 \cdot s^{-1}$；T为某场降雨的总历时，s。

在实际应用中EMC一般计算时可简化为

$$\mathrm{EMC}=\frac{\sum_{t=1}^{n} C_t V_t}{\sum_{t=1}^{n} V_t} \tag{3-63}$$

式中，V_t为第t时间段中的径流体积，m^3；n为降雨时间分段数。

3.3.6 径流污染物冲刷特征分析

目前，多数研究者通过雨水径流污染物累积冲刷曲线、污染物冲刷强度等方法对雨水径流污染特征进行分析。通过对雨水径流污染物负荷量与雨水径流量的相关性进行分析，得到雨水径流污染物冲刷特征，总结雨水径流污染特征[139]。

1. 污染物累积冲刷曲线M(V)

通过污染物负荷量累积过程线和雨水径流量累积过程线构成的污染物累积冲刷曲线来描述雨水径流污染物冲刷特征。绘制污染物累积冲刷曲线需要先计算污染物累积负荷量和降雨累积径流流量，计算公式如式（3-64）和（3-65）所示：

$$M(t)=\frac{\int_0^T C(t)Q(t)\mathrm{d}t}{\int_0^T C(t)Q(t)\mathrm{d}t} \tag{3-64}$$

$$V(t)=\frac{\int_0^T Q(t)\mathrm{d}t}{\int_0^T Q(t)\mathrm{d}t} \tag{3-65}$$

式中，$M(t)$为从雨水径流开始至t时刻累积污染物负荷占总污染物负荷的百分比；$V(t)$为从雨水径流开始至t时刻累积径流流量占总径流流量的百分比；$C(t)$为t时刻的污染物浓度，$\mathrm{mg\cdot L^{-1}}$；$Q(t)$为t时刻的径流流量，$\mathrm{m^3\cdot s^{-1}}$；T为总径流时间，s。

由于$C(t)$、$Q(t)$较难连续取得，在实际应用中一般使用式（3-66）和式（3-67）进行计算：

$$M(t) \cong \frac{\sum_{i=1}^{k} \overline{C(t_i)}\ \overline{Q(t_i)}\ \Delta t_i}{\sum_{i=1}^{N} \overline{C(t_i)}\ \overline{Q(t_i)}\ \Delta t_i} \tag{3-66}$$

$$V(t) \cong \frac{\sum_{i=1}^{k} \overline{Q(t_i)}\ \Delta t_i}{\sum_{i=1}^{N} \overline{Q(t_i)}\ \Delta t_i} \tag{3-67}$$

式中，$\overline{C(t_i)}$ 为Δt_i时间段污染物平均浓度，$mg \cdot L^{-1}$；$\overline{Q(t_i)}$ 为Δt_i时间段平均径流流量，$m^3 \cdot s^{-1}$；Δt_i为第i个时间段时长，s；N为时间段总数；i、k为指示参数。

通过污染物负荷累积量与雨水径流累积量的关系，可以将雨水径流冲刷类型分为超前型、同步型、滞后型。若污染物冲刷为超前型曲线，则说明雨水径流为初期冲刷，若为同步型曲线，则说明雨水径流为同步冲刷，若为滞后型曲线，则说明雨水径流为后期冲刷。其中，城市雨水径流初始冲刷现象（First Flush Phenomenon，以下简称初始冲刷现象），指城市雨水径流中污染物浓度的峰值出现在整个雨水径流过程初期，即整个雨水径流过程初期的少部分雨水径流流量挟带了该过程中大部分的雨水径流污染负荷量；城市雨水径流后期冲刷现象（End Flush Phenomenon，以下简称后期冲刷现象），指城市雨水径流中污染物浓度的峰值出现在整个雨水径流过程后期，即整个雨水径流过程后期的少部分雨水径流流量挟带了该过程中大部分的雨水径流污染负荷量，也称污染物二次冲刷现象（Second Flush Phenomenon）。

2.污染物冲刷强度

通过对污染物冲刷强度的分析，可以判断雨水径流冲刷挟带污染物的能力。污染物冲刷强度（Pollutant Washoff Intensity，PWI）指单场次雨水径流中各阶段的污染物负荷量输出百分比与雨水径流流量输出百分比的比值。通过对该项指标的分析，可以得到污染物负荷量在雨水径流过程中的分布规律，从而可以定量地分析雨水径流污染物的冲刷特征。

PWI计算公式如式（3−68）所示：

$$\mathrm{PWI}=\frac{P(M)}{P(V)}=\frac{\int_{t_1}^{t_2}C(t)Q(t)\,\mathrm{d}t}{\int_0^T C(t)Q(t)\,\mathrm{d}t}\bigg/\frac{\int_{t_1}^{t_2}Q(t)\,\mathrm{d}t}{\int_0^T Q(t)\,\mathrm{d}t} \qquad (3-68)$$

式中，PWI为从t_1时刻到t_2时刻的污染物冲刷强度；$P(M)$为从t_1时刻到t_2时刻的污染物负荷占总污染物负荷的百分比；$P(V)$为从t_1时刻到t_2时刻的径流流量占总径流流量的百分比；$C(t)$为t时刻的污染物浓度，$\mathrm{mg\cdot L^{-1}}$；$Q(t)$为t时刻的径流流量，$\mathrm{m^3\cdot s^{-1}}$；T为总径流时间，s。

由于$C(t)$、$Q(t)$较难连续取得，在实际应用中一般使用式（3−69）进行计算：

$$\mathrm{PWI}\cong\frac{\sum_{i=1}^{k}\overline{C(t_i)}\,\overline{Q(t_i)}\,\Delta t_i}{\sum_{i=1}^{N}\overline{C(t_i)}\,\overline{Q(t_i)}\,\Delta t_i}\bigg/\frac{\sum_{i=1}^{k}\overline{Q(t_i)}\,\Delta t_i}{\sum_{i=1}^{N}\overline{Q(t_i)}\,\Delta t_i} \qquad (3-69)$$

式中，$\overline{C(t_i)}$为Δt_i时间段污染物平均浓度，$\mathrm{mg\cdot L^{-1}}$；$\overline{Q(t_i)}$为Δt_i时间段平均径流流量，$\mathrm{m^3\cdot s^{-1}}$；Δt_i为第i个时间段时长，s；N为时间段总数；i、j、k为指示参数。

通过对不同雨水径流阶段的污染物冲刷强度进行分析比较，可以得出不同降雨阶段内雨水径流流量挟带的污染物负荷量，同时可以根据污染物冲刷强度的大小，判断各阶段雨水径流的冲刷类型。在某场次雨水径流过程中，2个不同降雨阶段中，如果$PWI_1 > PWI_2$，说明第1个阶段t时段内的雨水径流流量所挟带的污染物负荷量大于第2个阶段t时段内的雨水径流流量所挟带的污染物负荷量，说明第1个阶段的雨水径流污染物平均浓度高于第2个阶段的雨水径流污染物平均浓度；如果在雨水径流前期PWI＞1，表明在雨水径流前期污染物负荷输出速度大于径流流量输出速度，一般发生初始冲刷现象；如果在雨水径流后期PWI＞1，表明在雨水径流后期污染物负荷输出速度大于径流流量输出速度，一般发生后期冲刷现象。

第4章

雨水径流污染控制技术

4.1 雨水径流污染控制理念

发达国家早在20世纪70年代就开始对城市雨水污染等问题开展研究，经过数十年研究和工程应用已形成系统的雨洪管理体系，代表性的有美国的BMPs和LID、英国的SUDS等。

美国在1972年提出了BMPs，BMPs最初主要用于控制城市和农村的面源污染，而后逐渐发展成为控制雨水径流水量和水质的生态可持续的综合性措施[140]。20世纪90年代，美国在继续完善BMPs的基础上，提出从微观尺度结合景观设计的LID[38]。英国提出可持续排水系统管理理念并形成SUDS[42]，该系统最大限度地模拟自然排水状况，同时去除雨水径流中的污染物。从最初主要依赖末端处理设施到日益重视源头减排和标本兼治的手段，以及越来越关注生态化程度高和成本有效性好的措施，国际上已经基本形成了一套技术体系，以服务于雨水径流污染的全过程控制，具体见表4-1。

表 4-1　雨水径流污染控制理念

年份	国家	理念或措施
1972	美国	最佳管理措施
1987	美国	《清洁水法》补充雨水污染治理
1990	美国	“雨水控制措施”法案

续表

年份	国家	理念或措施
1999	英国	可持续性城市排水系统
2003	英国	《英格兰及威尔士地区可持续性城市排水系统框架》
2004	美国	《LID设计手册》
2004	英国	《可持续性城市排水系统实践暂行规定》
2010	英国	《洪水与水管理法案2010》

4.1.1 最佳管理措施

BMPs最早是在20世纪70年代美国《联邦水污染控制法修正案》中提出的，美国国家环境保护局将其定义为“任何能够减少或预防水资源污染的方法、措施或操作程序，包括工程、非工程措施的操作与维护程序”。BMPs最初主要用于控制城市和农村的面源污染，而后逐渐发展成为控制雨水径流水量和水质的生态可持续的综合性措施，主要分为两类：工程性措施，又称结构性措施；非工程性措施，又称非结构性措施。

工程性措施主要是指按照一定降雨标准和污染物去除要求设计建设的工程设施，通过延长雨水径流停留时间、减缓流速、向地下渗透、物理沉淀过滤和生物净化等手段，达到控制雨水径流污染的目的，相应的措施类别可分为五大类：

雨水滞留塘（Stormwater Ponds）：一种永久性的池塘结合延时滞留或浅湿地，使其总体积等于雨水径流污染控制体积的雨水处理设施，它包括微型延时滞留塘、湿塘、湿式延时滞留塘、多单元滞留池、袖珍型滞留池等。

雨水湿地（Stormwater Wetlands）：一种浅湿地结合了小型永久性池塘或者延时滞留部分来达到控制雨水径流污染的设施，它包括浅湿地、延时滞留湿地、滞留池/湿地、袖珍湿地等。

入渗设施（Inltration Practices）：一种暂时收集并储存雨水径流，同时控制径流中的污染物，然后再在一定时间内使之入渗到地底下的设施，包括入渗沟和入渗洼地等。

过滤设施（Filtering Practices）：一种首先收集并储存雨水径流，然后使其通过砂、有机质土壤或其他滤料等来达到污染物去除目的的设施，它包括表面砂滤、地下式砂滤、周边型砂滤、有机滤池、袖珍砂滤、生物滞留池等。

明渠设施（Open Channel Practices）：一种收集并处理雨水径流污染的植被性开放渠道，包括干草沟和湿草沟等。

非工程性措施是指建立在法律法规、政策、操作程序与方法等基础上的各种管理措施，强调政府部门和公众参与的作用，其主要手段在于从源头上减少污染物种类及负荷量，如加强地面清洁管理，改进清扫方法，减少地面积聚物的数量；实施科学耕作技术，提高生产效率的同时降低面源污染产生的风险等。非工程性措施可减少雨水径流及其污染物的产生，从而降低工程性设施的规模和成本。在很多情况下非工程性措施常和工程性措施结合起来共同解决雨水径流污染的问题。

4.1.2 低影响开发

20世纪80年代前后，在发达国家实施最佳管理措施的过程中逐渐发现，传统控制措施的建设及维护成本过高，而且施工完成后雨水径流控制难度大，有时难以达到水质目标；加上城市的快速发展，城市人口密度不断增大，空间利用率不断提高，导致城市雨水径流管理面临更大的挑战。针对这些情况，1990年，美国马里兰州乔治王子郡的雨洪管理研究人员首先提出了LID，通过分散的、小规模的控制措施来控制降雨所产生的径流和污染，使开发地区尽量接近于自然的水文循环。

LID的理念主要是指在小流域内采用雨水花园、植草沟、透水铺面、绿色屋顶、绿色街道等水文控制措施，利用其渗透、过滤、蓄存、挥发和滞留等功能，将雨水径流及其污染控制在源头，这些设施多分散且规模小，相较传统的雨水管理手段，LID的优点在于一定程度上能够降低对雨水收集输送管网和管网末端雨水径流处理设施的规模需求，一方面能降低传统排水设施的建设和运行成本，减少对土地资源的占用；另一方面还能与景观设计相结合。

采用LID的设计理念，可以从总体上降低开发区建设费用，如减少不透水路面以及路缘、排水沟渠的建设；减少排水管道、雨水口设施的使用；减小管网末端雨水径流处理设施（如滞留池等）的规模；有效降低地表径流量并实现错峰，从而减轻合流制污水溢流等问题带来的损失，节省建设大型集中式雨水调蓄设施的费用。同时，LID措施可以美化环境，为社区提供休闲娱乐场所，好的生态环境不仅有助于提高居民的生活质量，还可以提高土地价值。实施LID充分体现了城市雨水管理的生态化理念，目前在美国、加拿大、英国、瑞典、澳大利亚、新西兰、日本等国家均有应用的实例。

4.1.3 可持续城市排水系统

人口增长与城市（镇）面积扩张使房屋与硬化路面增加，导致很多城区的陈旧市政排水管网无法应付暴雨来袭时的排水需求，按传统的城市排水设计思路，需将城市（镇）区域内的排水管网进行增容扩建改造。但受法律、公众舆论、投资等因素的约束，英国很多古老城市（镇）区域内不允许进行大规模拆建工程。因此，2010年英国议会通过了《洪水与水管理法案2010》（*Floods and Water Management Act 2010*），并在英国境内推行SUDS，旨在实现多重目标，减少城市内涝发生的可能性，同时提高雨水等地表水的利用率、减少河流污染问题并改善水质。SUDS对水资源的设计和管理可以满足现在和将来社会的需要，同时可以维持生态、环境和水力的完整性。

SUDS主要通过以下三类不同的工程技术措施来实现雨水径流污染控制目标：

一是源头削减，即在地表雨水径流产生处，通过人为干预（工程）措施达到削减的目的，降低地表雨水径流流量，并加强雨水资源的回收利用。例如，在庭院内设置雨水花园，增加透水面积，减少产流量以及由此带来的污染，或在房屋上设置绿色屋顶，利用植物及土壤吸收雨水，实现雨水利用。

二是过程控制，即在径流流动过程中，降低径流速度以延缓径流峰值出现的时间，从而实现“错峰”，并提高沉淀、过滤、吸附、植物吸收及微生物降解对污染物质的去除效果。例如，将停车场的路面设计成透水铺面的形式，不仅可以减小径流系数、加强下渗能力、延缓径流峰值出现的时间，还可以利用草类、土壤的吸附和过滤作用削减污染负荷。又如，以植草沟代替雨水管道，一方面去除径流中的污染物质，削减径流流量，减少下游管网的压力；另一方面增强景观效应，降低建设成本。

三是末端治理，即在径流排入受纳水体前对其进行强化处理。滞留池、入渗池和雨水湿地等措施都可以作为地表径流进入受纳水体前的处理措施，由于此类措施具有较大的表面积和池容、较长的停留时间，径流中的污染物质可以通过物理、化学、生物等多种作用得到去除。

4.2 雨水径流污染控制措施

围绕低影响开发和可持续发展等理念，雨水径流污染控制一般通过源头削减、过程控制、末端治理等技术，降低雨水径流污染物总量，以减少对下游受纳水体的冲击。

4.2.1 源头削减技术

源头削减技术主要是指在地表径流产生的源头采用一些工程性和非工程性的措施削减径流流量，降低进入径流的污染物总量。根据技术措施主要功能的不同，可将污染源头削减措施划分为三大类：滞留调蓄型技术、渗透输送型技术和贮存回用型技术。

4.2.1.1 滞留调蓄型技术

滞留调蓄型技术主要承接自身降雨或来自不透水面的径流雨水，通过蓄水层容积和结构层孔隙滞留雨水并使其下渗来达到削减洪峰流量、减小径流系数的目的，通过植物截留和土壤渗透作用净化雨水水质。由于滞留调蓄型生态措施有相对较长的水力停留时间和较大的蓄水容积，同时可提供较好的景观效果，因此在场地条件满足要求的情况下，是较理想的雨水管理技术。滞留调蓄型技术主要包括绿色屋顶、生物滞留设施、雨水湿地、透水铺面等。

1. 绿色屋顶

绿色屋顶，又称为绿屋顶、种植屋面、生态屋顶、景观屋顶等，是指在各类建筑物和构筑物的顶部以及天台、露台上的绿化。它是低影响开发技术在建筑中的重要应用之一，利用土壤和植物的叶片、根系来滞留、吸收、蒸腾一部分雨水，较不透水的屋面更能有效削减雨水径流峰值与径流体积，同时可以通过吸附、植物吸收、微生物降解等作用削减雨水径流污染。此外，还可以缓解城市热岛效应、改善空气质量、降低周围噪声污染，还具有景观价值，能够营造良好的城市生态环境。

2. 生物滞留设施

生物滞留设施，是指通过植物、土壤和微生物系统蓄渗、净化雨水径流的设施，如雨水花园、滞留塘、高花坛等，它们通过收集、滞留、下渗、净化、储存等过程来达到对汇水区（面积小于0.4 hm^2为宜，不宜超过2.0 hm^2）径流体积、峰值流量和径流污染三个方面进行削减的目的，缓解地表积水带来的内涝灾害。同时，设施结构层蓄积的雨水能够供植物利用，减少绿地的灌溉水量。生物滞留设施还具有很高的景观价值，是雨水径流管理的一种高效益生态技术。该设施应用于农业还可拦截大部分农田排放的氮、磷及残留农药等。

3. 雨水湿地

雨水湿地是通过模拟天然湿地的结构，以雨水沉淀、过滤、净化和调蓄以及生态景观功能为主，人为建造的由饱和基质、挺水和沉水植被、动物和水体组成的湿地系统。雨水湿地的主要功能是利用物理、水生植物及微生物等作用净化雨水，是一种高效的雨水径流污染控制设施，同时兼具生态景观功能。

4. 透水铺面

透水铺面是指能使雨水顺利进入铺面结构内部的铺装形式，又称透水铺装。透水铺面一般在保证一定的使用强度和耐久性的前提下，采用透水性能良好、孔隙率较高的材料用作铺装的面层、基层甚至土基，增加了路面的吸水能力，减小了地表径流系数，有效控制了地面的雨水径流流量，达到补给地下水和削减地表径流的目的。在减少径流的过程中，通过吸附和过滤以及可能伴随的生物过程对污染物产生一定的去除作用，同时起到了吸热、吸声、吸光等良好的环境效应。

4.2.1.2 渗透输送型技术

该类型技术措施主要包括植被浅沟、植被过滤带和入渗沟等。渗透输送型生态措施可替代部分传统雨水管渠，承接自身或传输而来的雨水径流，其中植被浅沟和植被过滤带主要作为渗透输送型生态措施的预处理设施，虽然也具有一定的滞留能力和净化能力，但是效果不如滞留调蓄型生态措施，而渗管和渗渠可作为辅助设施与多项生态措施结合，收集表层渗透下来的雨水，并通过多孔材料继续下渗，超过渗透量的雨水再输送至贮存设施加以回用，从而达到径流控制的目的。

1. 植被浅沟

植被浅沟，也被称为植草沟，是一种深度较浅、坡度较缓、种植植被的景观性地表沟渠排水系统。

在城市（镇）中应用时，植被浅沟适用于低密度的居住区、商业区、工业区、公园、停车场及公共道路周边，可以替代部分传统的雨水管道，作为源头控制措施的预处理单元，也可以作为中途控制措施收集相邻小范围内的不透水地表雨水径流（每个植被浅沟单元承接的汇水面积不宜超过 2 hm^2）。雨水通过表层输送或下渗后由渗管/渗渠输送来达到削减洪峰流量的目的，并通过沟渠表层的植被、植被根系土壤及微生物的拦截、过滤、吸收等物理、化学和生物过程将雨水径流中的多数悬浮颗粒和部分溶解态污染物进行有效去除，同时，植被浅沟还具有吸收道路热量、美化道路、提高道路舒适性等生态和景观功能，常与雨水花园、植被过滤带、渗透沟等结合共同构建生态城市。

而在农田中应用时，植被浅沟是常用于雨季田间排水、防止田间作物渍害的重要农田基本建设内容，用于收集农田径流、渗漏排水，一般位于田块间。植被浅沟通常由初沉池、泥质或硬质生态沟框架和植物组成，初沉池位于农田排水出口与生态沟渠连接处，用于收集农田径流颗粒物。生态沟种植的植物既能拦截农田径流污染物，也能吸收径流水、渗漏水中的氮、磷养分，达到控制污染物向水体迁移和氮、磷养分再利用的目的。

2. 植被过滤带

植被过滤带，又称为植草过滤带，是指通过在地表种植浓密的植被，对流过植被的层流加以处理的雨水径流污染控制措施。过滤带这种措施最开始主要是用在农业面源污染控制中，后来逐渐在城市（镇）区域有了越来越多的应用。植被过滤带可以用在停车场、道路和其他不透水区域，只要保证径流流量沿着过滤带的宽度方向能均匀分布即可。植被过滤带还可以作为一种预处理的手段使用，常用在生物滞留设施、植被浅沟等入渗设施或过滤设施的上游。

3. 入渗沟

入渗沟是一种处理雨水径流的工程措施，属于小型渗透系统，又被称为渗沟、渗透沟、渗透沟渠。该措施通常设置在广场、道路、停车场等不透水区域附近，一般采用多孔塑料管或无砂混凝土管，渠外填充一定量的砾石、碎石等高孔隙率材料，再在砾石、碎石层外包裹透水柔性膜，从而建成具有收集渗透和输送功能的雨水管渠。降雨期间径流被导入入渗沟后暂时存储在由填料孔隙形成的地下储水空间中，并且在设计时段内从沟的底部和侧壁入渗至周边土壤，以去除径流中的一部分污染物。根据选址地点、土地利用类型的差异，入渗沟表面可以植草或铺设砂石，也可以建设人行道或公路。在实际使用中，入渗沟可以作为城市排水管网的一部分。如果铺设在地势较为平坦的区域，还可以单独作为汇水区域的雨水下渗或传输设施，使用形式相对灵活。入渗沟还常与生物滞留设施联合使用，从而控制雨水径流流量和径流水质，在场地条件允许的情况下，可将入渗沟做成开放式水景观廊道，提高环境的舒适度。

4.2.1.3 贮存回用型技术

该类型技术措施主要包括雨水罐、蓄水池等，承接来自屋面、路面或渗透输送型生态措施传输而来的雨水径流，将其贮存，雨水经过一定处理工艺达到回用标准后再利用。

雨水罐是一类用于收集和储存屋面雨水的水箱或水槽，由入水口、过滤筛网、罐体、出水口、溢流部件等组成，通常由塑料、木头、陶瓷、砖或混凝土等材料做成成品后直接安放在需要的位置。一般情况下，雨水罐置于靠近草坪或花园的屋檐下，与房屋建筑的雨水管相连接。雨水罐储存的雨水可用于浇灌花草树木、洗衣冲厕、清洗车辆和浇洒路面等。雨水罐收集的雨水中的污染物主要是通过沉淀作用将其去除，如果储存的雨水直接用于植被浇洒，污染物还可以通过植物吸收、土壤过滤等作用被去除。其容积可由设计回用水量确定，超量雨水从溢流管排入市政雨水管网或下级生态措施如雨水花园、植被浅沟、植被过滤带中进一步调蓄处理。由于其构造简单、使用方便、价格也较为低廉，同时可以减少传统水资源的使用量，因此在欧美等发达国家和地区得到了广泛使用。

4.2.2 过程控制技术

4.2.2.1 分流技术

1. 合流制改为分流制

将合流制系统改建成分流制系统，实现雨污分离，可以消除雨污合流溢流排放问题，是降低雨季污染负荷最根本的办法。但是雨污分流改建的过程中会涉及道路、地下空间等诸多限制因素，且改建工作量巨大、成本高、周期长，达到预期目标的难度较高。在排水体制改造工作中，要根据各个城市（镇）的具体情况进行深入分析，经过反复论证比选后因地制宜制定细致的工作方案。对于一些合流制管道系统相对完善、空间有限、降水量少的老镇区，应考虑在合流制系统中进行适当改造或建设合流制溢流控制设施，如采用一些截流、截污措施并对老化管道进行修复改善等。对于不可改造的合流制系统，应做好维护工作，保证系统的运行性能，使系统处理尽可能多的合流污水。

2. 初期雨水弃流技术

初期雨水弃流装置作为一种分流手段，能有效地分离初期雨水和后期雨水，控制雨水径流中大部分污染物。对于初期雨水的弃流可以使水处理成本大幅降低，从而节约造价及运行成本。初期弃流量取决于汇水面性质、降雨条件、季节、降雨的间隔时间和气温等多种因素，在工程实际应用中应因地制宜。

按照实现弃流的原理，雨水弃流装置可分为三类，分别为机械型弃流装置、非机械型弃流装置及电控型弃流装置。机械型弃流装置通常利用简单的力学原理（如浮球阀、杠杆、滑轮等）构造一个机械传动系统，形成“有雨初期弃流，雨后自动重置”的自动循环模式。非机械型弃流装置主要是利用水的力学特性，在不使用特定机械传动装置前提下达到弃流的目的，常见的有旋流式弃流装置和切换式弃流装置等。电控型弃流装置相较于前两种最大的不同是，加入了电气化的设备来控制整个系统，如使用智能流量计测量雨水径流流量或使用雨量计来测量降水量，当到达设定值后通过传送电信号来控制电动阀的启闭。

4.2.2.2 截污技术

1. 漂浮物与固体物质筛除技术

漂浮物与固体物质的筛除技术主要针对大粒径固体以及漂浮物的去除。根据具体情况，可分为三类，用在漂浮物与固体物质产生的源头处、放在溢流污水排放口处，以及放在受纳水体上。常用的筛除措施包括挡板、格栅、网袋、漂浮围栏、撇渣船等。根据这些措施的具体使用方式，它们可以作为其他雨水径流污染控制措施（如调蓄设施和旋流分离装置）的预处理手段，也可用于管网的末端处理。

2. 管道沉积物削减技术

城市排水管网沉积物主要来自雨水和污水中的悬浮物、悬浮粒子等固体颗粒，以及污水中的有机物等不易生物降解物质，这些物质在流动状态下会随着水流进入管道，沉积在管道内壁和管道底部。针对雨水管道沉积物的削减控制措施主要有管道清淤措施、管道自动冲洗设施、旋流分离设施、雨水沉淀池等。这些措施能对雨水径流造成的雨水管道沉积物起到一定的削减和控制效果，有效减轻雨水管道沉积物对城市地表水体的污染和对管道的腐蚀、阻塞。

3. 雨水口高效截污装置

雨水口位于管网入口处，负责收集径流。典型的雨水口组成包括雨水箅子（或路缘进水口）和集水池，可以用来捕集垃圾残渣、沉淀物质和污染物。雨水口去除沉淀物和其他污染物的能力及效率取决于其设计规模（如集水池的大小）和对集水池的清理维护情况。虽然排水系统都要用到雨水口，并且一般在雨水口上方装有雨箅可减少街道垃圾的进入，但是很多雨水口的设计在沉淀物质和污染物捕集方面并不理想。出于雨水径流污染控制的目的，理想的雨水口应该被设计成其他径流管理措施的预处理单元。因此，为了改善雨水口的污染物拦截性能，可将其改装成为一种常用的雨水径流污染控制措施。

最简单的改装措施是在雨水口集水池的出水口处加装铁罩，以便更好地防止漂浮物，如垃圾、残渣等进入管网系统。铁罩是垂直安装在雨水口集水池内的铁制挡板，罩在接纳雨水口出水的支管入口处。加装铁罩可防臭、拦截漂浮物，并辅助减少管网溢流发生的频率、降低溢流量体积。还有一种改装措施在国外的应用也日益普遍，即在雨水口内增设一个能方便插入和取出的“插件”。“插件”能够去除油脂、垃圾、残渣和沉淀物，插入集水池中使用可提高雨水口的效能。已有多种不同形式的“插件”可放置在雨水口集水池中用来处理径流中的污染物，其中最简单且容易实现的插件是带漏网的垃圾桶，当漂浮物经过雨水管进入雨水口后，可以收集至垃圾桶内。

4.2.2.3 调蓄技术

在管网系统中建设运行的存储调蓄设施是控制雨水径流污染的一种主流处理技术，具有技术成熟、效果好的优点。存储调蓄可以针对合流制管网，使用合流污水调蓄设施，控制混合污水溢流问题；也可以针对分流制雨水管网，使用雨水径流调蓄设施。

1. 合流污水调蓄设施

对合流制管网溢流进行存储调蓄一般是在降雨期间利用调蓄设施收集

存储部分混合污水，在降雨停止后再将先前存储的混合污水缓慢地输送至排水管道、泵站或者污水处理厂。许多合流制管网系统在雨季时会出现流速过大的情况，使用调蓄设施可以削减峰值流量，但调蓄设施的建设需要较大的占地面积或地下空间，投资也比较大。

根据合流制系统中调蓄设施的运行模式，可将其分为在线调蓄和离线调蓄两种。在线调蓄设施在旱天和雨天都处于运行状态；而离线调蓄设施则仅在降雨事件发生时接收入流雨水，等到旱天再将雨水排出。在实践应用中，大多数调蓄设施采用离线形式。根据存储污水的具体位置，调蓄设施分为管道调蓄、调蓄池调蓄、隧道调蓄、洞穴调蓄等多种形式。

2. 雨水径流调蓄设施

设置在分流制体系雨水管网中的雨水径流调蓄设施一般采用人工材料，可结合地形地貌特征利用天然低洼地、水塘等构建池型的雨水调蓄设施，一般可将其设置在排水系统末端。

雨水径流调蓄设施主要用于调节和储存雨水，可削减雨水径流峰值，储存功能既可以起到调节作用，又可以满足后续对雨水资源的利用，尤其是在缺水地区。以调节峰值流量为主要目的的调蓄池，可被称为滞留式雨水调蓄池、雨水调节池等。雨水调蓄池还可设计用于收集污染物浓度较高的初期雨水径流，在降雨停止后，再将该部分雨水缓慢输送至污水处理厂，也可对储存雨水原位进行简单处理，如通过沉淀、撇渣等去除污染物后的水体可以用作绿地浇洒、洗车及冲厕用水等。另外，在排水系统中建设雨水调蓄池，还能减轻下游区域排水管道和泵站的压力。

4.2.3 末端治理技术

城市雨水径流污染的末端处理技术主要是指用在分流制雨水管网末端、雨水径流进入受纳水体之前的污染控制措施，或者用在分流制雨水管网末端且本身就是径流最终出路的措施，以及在使用合流制系统的污水处理厂中用来应对雨季污染负荷的措施。该类技术包括旋流分离器、生物滞留池、入渗池、雨水湿地，以及雨污合流体系中污水处理厂的就地调蓄和雨季专用系统等。

农业末端治理是指农业面源污染物离开农田经沟渠迁移被汇流收集，在进入自然水体前的末端被净化与资源化处理，以保证入流水质达到管控要求，技术措施主要包括前置库、生态滞留池和雨水湿地等。

生物滞留池、雨水湿地等技术已在上文作介绍，经处不再赘述。

4.2.3.1 旋流分离器

旋流分离器是一种利用物料之间的密度差或者粒径差进行多相分离的设备。自20世纪50年代起，旋流分离器开始大规模应用在世界各地的选矿厂。1980 年以后，旋流分离器逐步在化工、石油、纺织、金属加工、水处理等行业推广使用，是工业领域应用最广泛的分级设备之一。在城市雨水径流污染控制方面，旋流分离器最初被设计用于处理合流制管网溢流污水，后来逐渐出现在初期雨水处理工程中，主要是去除合流污水和雨水中的固体颗粒。目前，国内外均已有相应的商业化产品。典型的旋流分离器上部是一个中空的圆柱体，下部是一个与圆柱体相连的倒锥体，二者共同组成旋流分离器的工作筒体。其他核心部件还包括进水管、溢流管、底流管等。旋流分离器用于污水处理时，污水以一定的速度从其上部进水管沿切线方向进入旋流分离器内部做高速旋转运动，产生很强的离心力场。污水和污水中所含颗粒物因存在密度差而受力不同，密度较大或粒径较大的颗粒物在离心力所用下，在旋转运动中向下、向外运动，最终形成外旋流被甩向外壁后减速并沿锥面进入底流管后排出；而污水和密度（粒径）较小的颗粒物组分在旋转运动中向上、向内运动，最终以溢流的形式从筒体中央的溢流管排出，从而达到分离的目的。

4.2.3.2 入渗池

入渗池是雨水通过侧壁和池底进行入渗的埋地水池，可滞留雨水径流，并在一段时间内控制其下渗的径流污染。入渗池主要利用现有的土壤条件将滞留的径流下渗到表层土壤以下，在此过程中，径流中的部分悬浮颗粒、有机物和营养物质得以去除，因此入渗池对径流流量、污染物的削减以及回灌地下水的作用主要取决于土壤的性质、面积大小以及植被情况。

4.2.3.3 前置库技术

前置库技术通过调节来水在前置库区的滞留时间，使径流污水中的泥沙和吸附在泥沙上的污染物在前置库沉降，利用前置库内的生态系统，吸收去除水体和底泥中的污染物。

前置库通常由沉降带、强化净化系统、导流与回用系统三部分组成。沉降带可利用现有的沟渠，加以适当改造，并种植水生植物，对引入处理系统地表径流中的污染颗粒物、泥沙等进行拦截、沉淀处理。强化净化系统分为浅水生态净化区和深水强化净化区，其中浅水生态净化区类似于砾石床的人工湿地生态处理系统。首先，沉降带出水以潜流方式进入砾石和植物根系组成的具有渗水能力的基质层，污染物在过滤、沉淀、吸附等物理作用和微生物的生物降解、硝化反硝化以及植物吸收等多种形式的净化作用下被高效降解，再进入挺水植物区域，进一步吸收氮、磷等营养物质；其次，深水强化净化区利用具有高效净化作用的易沉藻类和具有固定化脱氮除磷微生物的漂浮床，以及其他高效人工强化净化技术进一步去除氮、磷和有机污染物等。库区还可结合污染物净化进行适度水产养殖。经前置库系统处理后的地表径流，可以通过回用系统回用于农田灌溉。

4.3 雨水径流污染控制技术应用

近年来，我国突发性短时强降雨事件频发，加之城市（镇）排水系统的老化，农村污染来源面广且污水收集基础设施建设滞后，雨水径流带来的污染问题日渐突出。为改善城市（镇）、农村水环境质量，国内学者开始更加关注雨水径流污染的管控问题，并积极开展相关的研究与实践工作。多位学者如林潇[141]、魏成耀[142]、王迪[143]等针对生物滞留池、生物沟渠、雨水花园、雨水湿地等滞留调蓄型技术措施进行了深入研究，以评估它们在污染物削减方面的效能，魏成耀[142]、石春艳[148]等在城市（镇）地区试点应用了透水铺装技术，并探讨了其对污染物去除的实际效果。与此同时，张辰[150]、夏治坤等[151]、戈鑫等[152]等则专注于植草沟在城镇或农村面源污染控制中的效果研究。此外，刘文强等[153]等还开展了旋流分离器在初期雨水径流污染控制效果方面的研究。这些控制措施经过实践证明，在去除雨水径流中的悬浮物，化学需氧量，氮、磷等污染物方面均取得了良好的成效（表 4-2），为改善城市（镇）和农村水环境质量提供了有力的技术支持。

表 4-2　我国城市（镇）、农村雨水径流污染控制工程性措施研究案例

措施实例	措施效果	文献来源	研究人员
生物滞留池	探究了生物滞留池改良填料的污染物削减效能，试验证明，沸石+椰糠、给水厂污泥+椰糠、给水厂污泥+沸石三种改良 BSM（生物滞留池填料）对NH_4^+-N（82.25%～90.92%）、TN（76.56%～87.93%）和TP（82.07%～93.33%）均有一定的去除效果，去除率顺序为给水厂污泥+椰糠＞给水厂污泥+沸石＞沸石+椰糠，对COD（88.93%～93.07%）及SS（89.71%～90.27%）均具有较好的去除效果，但差异不明显	《生物滞留池处理初期雨水和合流制溢流污染性能探究》[141]	林潇
生物滞留池	在苏州海绵城市试点中，生物滞留池对住宅小区的SS、COD、TN、NH_3-N和TP的平均去除率分别为73.63%、77.67%、57.90%、40.24%和70.65%	《苏州海绵试点区典型地块径流污染控制研究》[142]	魏成耀
生态沟渠	在长沙的试验区中，生态沟渠春秋季时氮素去除率较高，夏季时较低，NH_4^+-N、NO_3^--N和TN 的平均去除率分别为77.8%、58.3%和48.7%，拦截量分别为38.4 kg/a、59.6 kg/a和171.1 kg/a。通过对生态沟渠植物改种前后的监测数据对比发现，植物改种后，NO_3^--N和TN的去除率有显著提高，NO_3^--N和TN的去除率比第一年分别增加了30.5%和18.2%	《亚热带农区生态沟渠对农业径流中氮素迁移拦截效应研究》[143]	王迪、李红芳、刘锋、王毅、钟元春、何洋、肖润林、吴金水

续表

措施实例	措施效果	文献来源	研究人员
生态沟渠-生物滞留池	实验室模拟中选择将生态沟渠作为预处理设施，再结合生物滞留池处理农村雨水径流污染。分别选择稻草和木屑作为外加碳源。其中稻草组的COD、NH_4^+-N、TN和TP的平均去除率分别为80.7%、84.5%、82.4%和75.2%；木屑组的COD、NH_4^+-N、TN和TP的平均去除率分别为81.7%、85.2%、85.5%和75.2%	《生态沟渠-生物滞留池组合控制农村径流污染》[144]	石雷、杨小丽、吴青宇、王亦铭、徐佳莹
“高密度沉淀池+人工湿地”技术	在X市内某钢铁厂实践中，该技术处理排沟混流雨水与污水处理厂尾水，SS削减率为70.59%，COD削减率为67.39%，NH_3-N削减率为72.83%	《基于海绵城市理念的人工湿地技术在工业园区径流污染控制中的应用》[145]	王思佳、艾庆华、冯振鹏、杨嘉玮
复合潜流人工湿地	以武汉市桃花岛塘和复合潜流人工湿地组合生态处理系统为研究对象，复合潜流人工湿地对各污染物的去除率：COD为84.0%～85.4%、TP为89.6%～91.8%、TN为92.2%～94.4%、SS为 95.8%～97.1%，其中复合潜流人工湿地对COD、TP、TN、SS的去除率分别为69.0%～73.1%、82.6%～86.6%、89.0%～90.4%、64.7%～69.2%	《复合潜流人工湿地处理城市地表径流研究》[146]	尹炜
生态种植槽	生态种植槽对污染物的去除效果良好，出水COD、TN、NH_3-N及TP的平均去除率分别为58%、60.28%、84.62%和83.71%；污染物浓度在种植土壤层和渗透净化层均呈沿程降低趋势，且前 0.4 m段下降较快。在公路服务区应用中，出水各项指标均可达到地表水III类水质，其中出水的NH_3-N及COD浓度均达到I类标准，TP浓度达到Ⅱ类标准。NH_3-N、TN、TP、COD、SS的去除率分别为70.00%、64.73%、50.00%、84.26%、64.16%	《基于低影响开发理念的海绵服务区径流污染控制技术》[147]	韩春利、熊新竹、陈瑶、刘学欣
下沉式绿地	在长春试验场地中，下沉式绿地对SS、COD、NH_3-N、TP的去除率分别为59.81%、39.01%、37.53%、30.49%	《北方海绵城市源头控制对地表径流污染控制的研究》[148]	石春艳

续表

措施实例	措施效果	文献来源	研究人员
雨水花园	在苏州海绵城市试点中，雨水花园对住宅小区的SS、COD、TN、NH_3-N和TP的平均去除率分别可以达到74.45%、73.36%、50.87%、49.88%、64.70%；对公共建筑的SS、COD、TN、NH_3-N和TP的平均去除率分别可以达到72.46%、74.78%、70.29%、33.53%和52.65%	《苏州海绵试点区典型地块径流污染控制研究》[142]	魏成耀
雨水湿地	雨水湿地对常州建设项目中SS的去除率达到90%	《雨水湿地在海绵城市改造中的应用》[149]	孙大伟
透水铺装	在苏州海绵城市试点中，透水钢渣砖铺装在住宅小区对SS、COD、TN、NH_3-N和TP的平均去除率分别可以达到67.94%、70.92%、66.06%、49.7%和60.80%；在公共建筑中对SS、COD、TN、NH_3-N和TP的平均去除率分别可以达到67.63%、70.99%、66.71%、35.20%和46.17%。透水钢渣混凝土铺装对公共区域内SS、COD、TN、NH_3-N和TP的平均去除率分别为75.29%、75.92%、69.72%、44.37%和57.26%	《苏州海绵试点区典型地块径流污染控制研究》[142]	魏成耀
	在长春实验场地中，缝隙透水砖结构对SS、NH_3-N的去除效果较好，去除率分别为48.60%、56.19%，对COD的去除效果一般，为36.26%，而对TP的去除效果最差，去除率仅为 8.41%	《北方海绵城市源头控制对地表径流污染控制的研究》[148]	石春艳
植草沟	在武汉四新中路的植草沟试验段中，植草沟对雨水径流污染有良好的控制效果，且下渗径流的水质优于表面径流，结合水量削减可知各类型植草沟在试验条件下对COD、NH_3-N、TN、TP和TSS的负荷去除率分别可达到72.1%、88.4%、81.2%、96.0%和97.2%	《植草沟对雨水径流量及径流污染控制研究》[150]	张辰
	在厦门集美的农村研究中发现，植草沟对BOD_5、COD、NH_3-N、TN和TP在15 cm土柱时的平均去除率分别为39.0%、52.0%、53.9%、36.2%和85.1%；30 cm土柱时的平均去除率分别为 56.0%、67.5%、64.8%、43.7%和64.6%	《植草沟对农村污水水质净化效果的研究》[151]	夏治坤、朱木兰

续表

措施实例	措施效果	文献来源	研究人员
植草沟	对常州市戚墅堰污水处理厂内的植草沟设施进行监测，对于SS、COD、TN、NH_4^+-N和TP污染负荷，大雨事件的去除率分别为98.8%、94.9%、90.7%、89.3%和82.1%，中雨事件的去除率分别为 95.1%、93.0%、83.2%、87.5%和94.5% ，小雨事件的去除率分别为 98.4%、97.6%、94.3%、95.1%和96.3%	《植草沟对苏南地区面源污染控制的案例研究》[152]	戈鑫、杨云安、管运涛、陈俊
旋流沉砂器	在王家河流域雨水口，旋流沉砂器对BOD_5、TSS的平均去除率分别为55.7%和45.1%	《旋流沉砂器在初期雨水径流污染控制上的应用》[153]	刘文强、蔡鑫敏、蒲伟、黎雨城

注：NH_4^+-N为铵态氮，TN为总氮，TP为总磷，SS为悬浮物，COD为化学需氧量，NH_3-N为氨氮，NO_3-N为硝酸盐氮，TSS为总悬浮固体，BOD_5为五日生化需氧量。

基于野外观测的雨水径流污染研究案例

本章以南方沿河某入海河流流域为例，开展雨水径流污染特征及时空分布研究，选取典型农田区、交通道路区、城镇住宅区、农村居住区和施工工地5个不同功能区，分别在雨季的前汛期、主汛期和后汛期进行雨水径流采样，分析不同功能区雨水径流水质的变化规律和影响因素，估算流域雨水径流面源污染负荷，并提出有针对性的雨水径流污染控制对策建议，以期为应对流域雨水径流污染提供借鉴。

5.1 流域概况

研究区域位于广东省东南部，为独流入海河流，全长约35 km，流域面积约380 km^2。流域内地势东北部高亢，西南部低平，属于珠江三角洲以东的粤东沿海丘陵地带，北、东、西三面环山，南邻红海湾，中部为台地、丘陵地带；南部为滨海沉积、冲积平原地带，地势平坦，河流交错。流域上游多为山地，多由砂页岩、火山岩、花岗岩构成，土壤以山地草甸土、黄壤、红壤为主。山腰、山脚都有缓坡地，有茅草、灌木等自然植被；中游多为丘陵，丘体由砂页岩、火山岩、花岗岩等构成，各类丘陵表土深度厚30～60 cm，其风化层厚达数米，植物易生长；下游为冲积平原和海积平原，成土母质为滨海沉积物、河流冲积物和人工堆积物。

研究区域属于亚热带海洋性季风气候。由于受海陆锋面、地形及海洋季风影响，其气候为冬暖偶有阵寒，相对干燥少雨；夏常温热多雨而不酷热。全年气温较高，年平均温度为22.8℃，夏天炎热且潮湿，温度为26～30℃；冬天凉爽而干燥，但很少会降至5℃以下。区域雨量丰富，多年平均年降水量为2350 mm，降雨主要集中在4—9月，其降水量占全年的87.2%，枯季（11月—次年4月）降水量占全年的12.8 %。

研究区域主要涉及3个行政镇区，分别为A镇、B镇、C镇，A镇位于研究区域东北部，流域内面积约306 km^2，其中林地面积占总面积的83%。B镇位于研究区域西部，流域内面积69 km^2，其中耕地面积5.9 km^2，林地面积41.8 km^2。交通便利，地理位置优越，能源充足，资源丰富，具有发展经济得天独厚的优势。C镇位于研究区域西南部，流域内面积8 km^2，自然资源丰富，濒临沿海，海岸线长达20 km，适合发展海洋经济。该区域正处于城乡一体化快速推进的关键时期，随着产业的蓬勃发展和人口的急剧增长，建设活动频繁，施工工地遍布，这给当地水环境带来了前所未有的压力。然而，城镇环境基础设施的建设相对滞后，历史遗留问题较多，且环境管理的长效机制尚未完善，水环境保护工作面临重重困难。尤为突出的是，城乡涉水面源污染问题持续存在且未得到有效控制。在干旱季节，污染物容易在环境中积累；而到了雨季，这些累积的污染物随雨水冲刷迅速进入河流，导致水体在短时间内承受巨大的污染负荷，对河流水质构成严重威胁。这种由降雨引发的雨水径流污染，已成为该区域水环境治理中的一项重要挑战。

5.2 研究方法

5.2.1 技术路线

本书在技术路线上采用定性与定量相结合的方法，基于典型农田区、交通道路区、城镇住宅区、农村居住区和施工工地5个不同功能区的野外观测结果，分析雨季前汛期、主汛期和后汛期雨水径流污染特征及不同功能区雨水径流的水质特征，在此基础上结合土地利用解译结果估算全流域的雨水径流污染负荷，并提出一系列雨水径流污染控制对策建议。研究技术路线见图 5-1。

5.2.2 监测方案

为了对研究区域不同功能区的雨水径流水质的变化规律和影响因素进行研究，选取典型城镇住宅区、农村居住区、交通道路区、农田区和施工工地5个不同功能区的雨水径流进行采样。

5.2.2.1 监测布点

结合研究区域内不同功能区雨水径流情况、现场勘查采样可达性等因素，共选取了10个点位，覆盖典型城镇住宅区、交通道路区、农村居

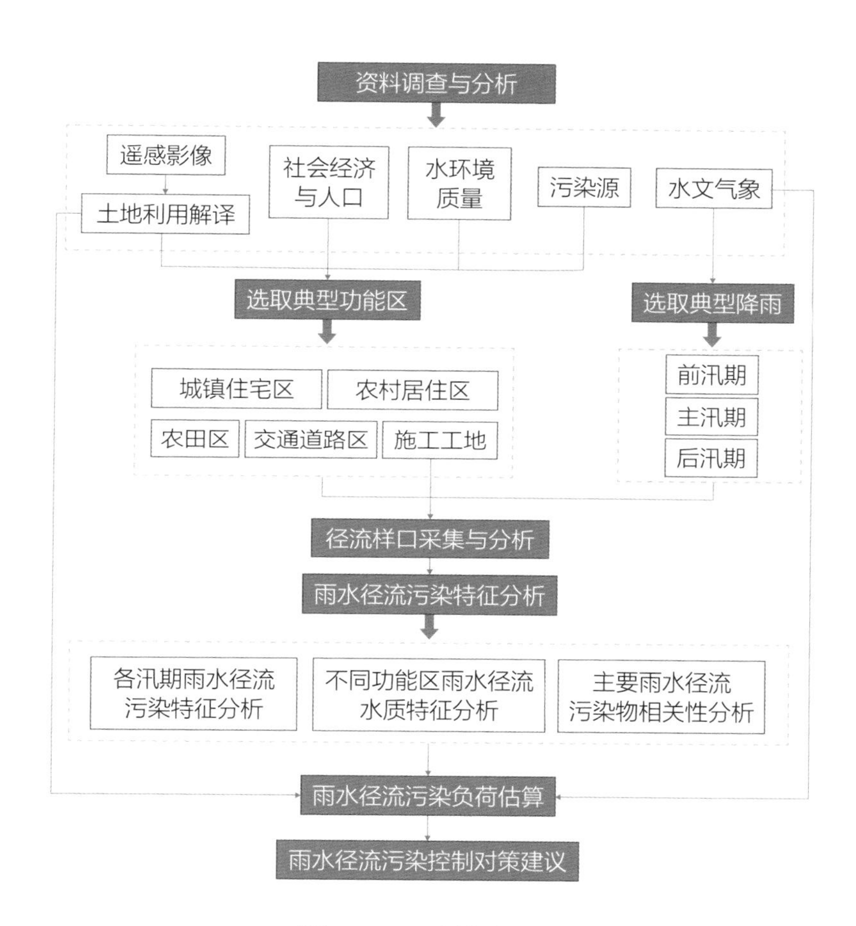

图 5-1　研究技术路线

住区、农田区和施工工地5个不同功能区。城镇住宅区选取A镇老镇区、A镇农贸市场和B镇新建居民小区点位；交通道路区选取A镇乡道、B镇国道；农村居住区选取A镇和C镇农村；农田区选取A镇和C镇农田区；施工工地选取B镇河边施工工地点位。

城镇住宅区的A镇老镇区采样点位于A镇老镇区乡道市政雨水井，为水泥管道；A镇市场采样点位于A镇中心城区农贸市场前，下垫面为硬底化水泥；B镇小区采样点位于新建居民小区旁雨水井。

交通道路区的A镇交通道路区采样点位于乡道雨水箅子排水口，为沥青道路；B镇国道采样点位于国道道路，该道路为双向6车道，道路宽阔平坦，车流量大，为沥青道路。

农村居住区的A镇农村采样点为雨水沟排口，汇水区主要是农村居住区和村边山沟；C镇农村采样点位于农村污水处理设施旁，为村内雨水排口，村内老旧雨水系统存在雨污混流情况。

农田区的A镇农田区采样点为农田灌溉渠出口，农田面积约100亩（1亩=1/15 hm^2），主要种植水稻；C镇农田区的采样点为农田排水沟渠，农田面积约30亩，主要种植水稻。

施工工地的B镇河边施工工地采样点位于桥底雨洪涵口，涵口沿岸分布较多施工工地，各监测点位信息见表5-1。

表 5-1 雨水径流功能区水质监测点位

序号	点位功能区	点位名称	采样点位图	周边环境图
1	城镇住宅区	A镇老镇区		
2		A镇市场农贸		

续表

序号	点位功能区	点位名称	采样点位图	周边环境图
3	城镇住宅区	B镇 新建居民小区		
4	交通道路区	A镇 乡道		
5		B镇国道		
6	农村居住区	A镇 农村		
7		C镇 农村		
8	农田区	A镇 农田区		

续表

序号	点位功能区	点位名称	采样点位图	周边环境图
9	农田区	C镇 农田区		
10	施工 工地	B镇 河边工地		

5.2.2.2 监测采样时间与频率

本书分别于2023年5月23日（前汛期）、7月17日（主汛期）、9月15日（后汛期）开展不同功能区雨水径流采样监测工作。降雨后，从径流开始形成时启动采样，并按照固定的时间间隔进行采样。具体来说，每5 min或每10 min就会采集一次水样，以确保能够捕捉到降雨过程中水质变化的多个阶段。每个特定的采样点会进行共6次的采样，以获取足够的数据来进行分析。2023年逐月降水量见图5-2。

5.2.2.3 监测项目和监测方法

本书水质监测分析指标有5项：悬浮物（SS）、化学需氧量（COD）、氨氮（NH_3-N）、总磷（TP）、总氮（TN）。样品的采集严格按照《地表水环境质量监测技术规范》（HJ 91.2—2022）执行，采集后严格按照

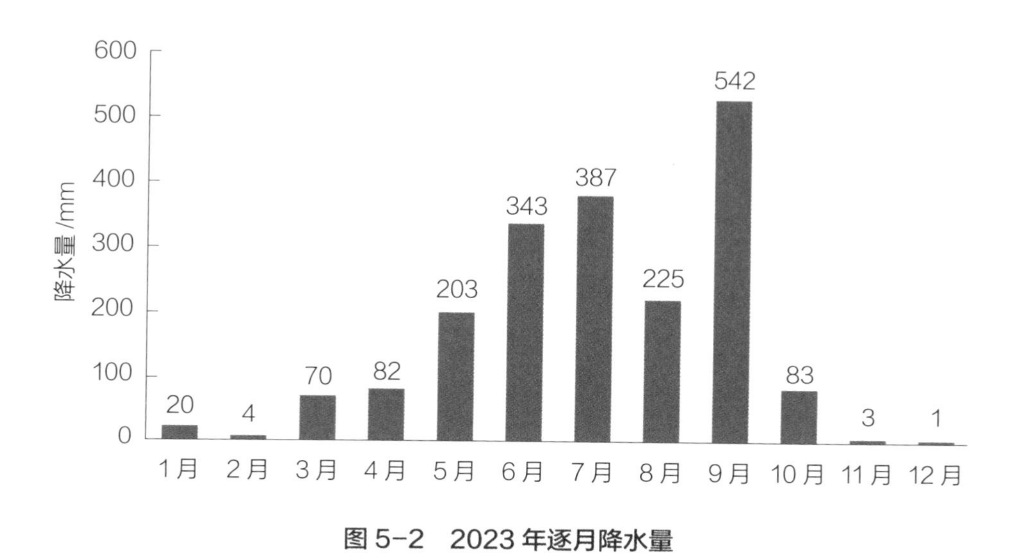

图 5-2　2023 年逐月降水量

《地表水环境质量监测技术规范》（HJ 91.2—2022）、《水和废水监测分析方法》规定的方法进行样品冷藏、保存并在规定期限内提交实验室分析。各指标的测定方法和检出限见表 5-2。

表 5-2　水质监测项目测定方法和检出限

监测项目	测定方法	检测限/（mg/L）
SS	重量法	—
COD	重铬酸盐法	5.00
NH_3-N	纳氏试剂比色法	0.05
TP	钼酸铵分光光度法	0.01
TN	碱性过硫酸钾消解紫外分光光度法	0.05

5.2.3 研究方法

5.2.3.1 主要雨水径流污染物相关性分析方法

为了深入探究雨水径流中不同主要污染物之间的潜在关联，本书采用了皮尔逊相关分析方法，对3次降雨事件所收集到的180组主要污染物监测数据进行了详细的相关性分析，这一分析旨在揭示各污染物指标之间的相关性，并计算出它们之间的Pearson相关系数。

5.2.3.2 土地利用类型解译

1. 土地利用分类系统的确定

由于目前全世界土地利用覆盖没有统一的分类标准，而且具体的土地利用覆盖分类方法需要根据各地研究区域情况和研究目的而定。2010年11月，国家质量监督检验检疫总局和国家标准化管理委员会共同发布了由中国土地勘测规划院和国土资源部地籍管理司起草的《土地利用现状分类》（GB/T 21010—2017），该标准规定了土地利用现状分类采用一级、二级两个层次的分类体系，共分12个一级类、56个二级类。一级类包括耕地、园地、林地、草地、商服用地、工矿仓储用地、住宅用地、公共管理与公共服务用地、特殊用地、交通运输用地、水域及水利设施用地和其他土地。

基于国家颁布的《土地利用现状分类》以及研究区域的实际情况，将研究区域土地利用类型分为九类，分别为城镇、村庄、耕地、交通运输用地、施工工地、水域、林地、草地、其他土地。分类方法采用ENVI软件监督分类中的支持向量机方法（Support Vector Machine，SVM）。

2. 定义训练区

训练区的选择是决定分类精度的关键因素，同种地物在不同地理位置和不同时刻光谱特征中存在一定差异，因此像元的选择应尽量与该地物在研究区域中的分布相一致且均匀。由于太阳高度角的差异，某些遥感图中山体阴影比较严重，为减小山体阴影的影响，林地类每一个训练区的面积应尽量小且均匀分布。

3. 执行SVM监督分类

目前，相关研究对遥感图像的分类精度要求越来越高，传统的非监督分类难以满足研究精度要求。监督分类中SVM是精度相对较高的分类方法，可以实现高精度的分类，其机理主要是在样本中寻找到一个能够把代表不同类别信息的图元区别开来的一个或几个最优分类超平面，而且这个超平面能够使分开的图元距离最大。

4. 分类精度验证

常用的精度评价方法有混淆矩阵法（Confusion Matrix）和Kappa系数法。混淆矩阵是一个n行n列矩阵（n为分类数），用来简单比较参照点和分类点。矩阵的行代表分类点，列代表参照点。混淆矩阵的每一行表示遥感分类影像中某种土地利用类型的抽样样本在实际验证数据中各用地类型的样点数分布情况，对角线部分则表示某类型验证数据相一致的样点个数。混淆矩阵常被用来检验遥感分类精度，统计参数有总体精度、使用者精度、生产者精度和Kappa系数。

5.2.3.3 雨水径流污染负荷估算方法

本书利用平均浓度法对雨季前汛期、主汛期、后汛期雨水径流面源污染负荷进行估算。平均浓度法是根据雨水径流污染负荷的基本概念得出的。按照污染负荷的概念，某种污染物的雨水径流污染负荷可用地表径流流量与该污染物浓度的乘积来表示。

由于在任意一场降雨引起的雨水径流过程中，降雨强度随机变化，雨水径流中污染物的浓度随时间变化较大（呈数量级的变化），污染物的浓度可采用EMC进行计算［见式（3-62）］。在实际应用中EMC一般用式（3-63）近似计算。一场雨水径流全过程的污染物质量负荷可由EMC与总雨水径流量之积表示［见式（3-6）］。一年中第i场降雨所引起的地表径流量和降水量的关系可用式（3-8）表示。

鉴于不同下垫面（如老镇区、新城区、农村居住、农田区、交通道路区、施工工地等）的雨水径流系数及雨水径流中的污染物平均浓度存在显著差异，本书为了更准确评估整个流域因雨水径流而产生的污染负荷，采取了分区域计算的方法，即先根据流域内不同功能区的监测结果，分别计算每个功能区的雨水径流污染负荷，再对各功能区的污染负荷进行加和，得到全流域的雨水径流污染负荷。这种方法能够更真实地反映流域内不同区域对雨水径流污染负荷的贡献。

5.3 雨水径流污染特征分析

5.3.1 降水量监测结果

2023年5月23日（前汛期）、7月17日（主汛期）、9月15日（后汛期）采样期间累计雨量如表 5-3所示，5月23日各地雨量及雨强均较小，采样期间累计降水量在5 mm以下，7月17日和9月15日各地雨量及雨强均较大，7月17日采样期间累计降水量为15～30 mm，9月15日采样期间累计降水量为15～25 mm。

表 5-3 采样期间降水量情况

镇	采样时间	采样期间累计降水量/mm
A镇	2023-05-23	3.8
	2023-07-17	25.3
	2023-09-15	18.6
B镇	2023-05-23	4.9
	2023-07-17	15.2
	2023-09-15	20.8
C镇	2023-05-23	4.2
	2023-07-17	20.5
	2023-09-15	15.4

5.3.2 各汛期雨水径流污染特征分析

各功能区三次降雨测得的主要雨水径流污染物浓度如表5-4和图5-3所示，可见不同点位在降雨不同时期雨水径流污染物浓度变化很大，同一个点位不同时间的雨水径流污染物浓度分布范围比较广。

表 5-4 各功能区雨水径流水质监测结果均值

单位：mg/L

汛期	功能区	COD	NH_3-N	TP	TN	SS
前汛期	城镇住宅区	121.0	6.90	0.680	9.88	63.3
	施工工地	71.8	7.66	0.802	9.95	46.5
	交通道路区	125.5	0.43	1.246	3.60	285.0
	农村居住区	38.9	1.58	0.185	2.78	18.0
	农田区	40.3	0.51	0.554	1.79	22.8
	平均	80.4	2.94	0.681	5.12	91.6
主汛期	城镇住宅区	24.2	0.23	0.074	0.65	10.9
	施工工地	36.5	1.02	0.450	2.66	353.7
	交通道路区	40.0	0.13	0.146	0.53	47.7
	农村居住区	29.7	1.51	0.332	2.73	33.3
	农田区	44.7	0.24	0.855	1.87	204.8
	平均	33.6	0.56	0.340	1.52	97.5
后汛期	城镇住宅区	22.2	0.36	0.084	1.24	23.6
	施工工地	30.7	0.21	0.433	1.91	251.0
	交通道路区	14.6	0.59	0.081	1.07	12.0
	农村居住区	22.7	2.72	0.332	3.63	14.3
	农田区	20.5	0.17	0.375	0.96	16.8
	平均	21.2	0.75	0.221	1.61	41.3

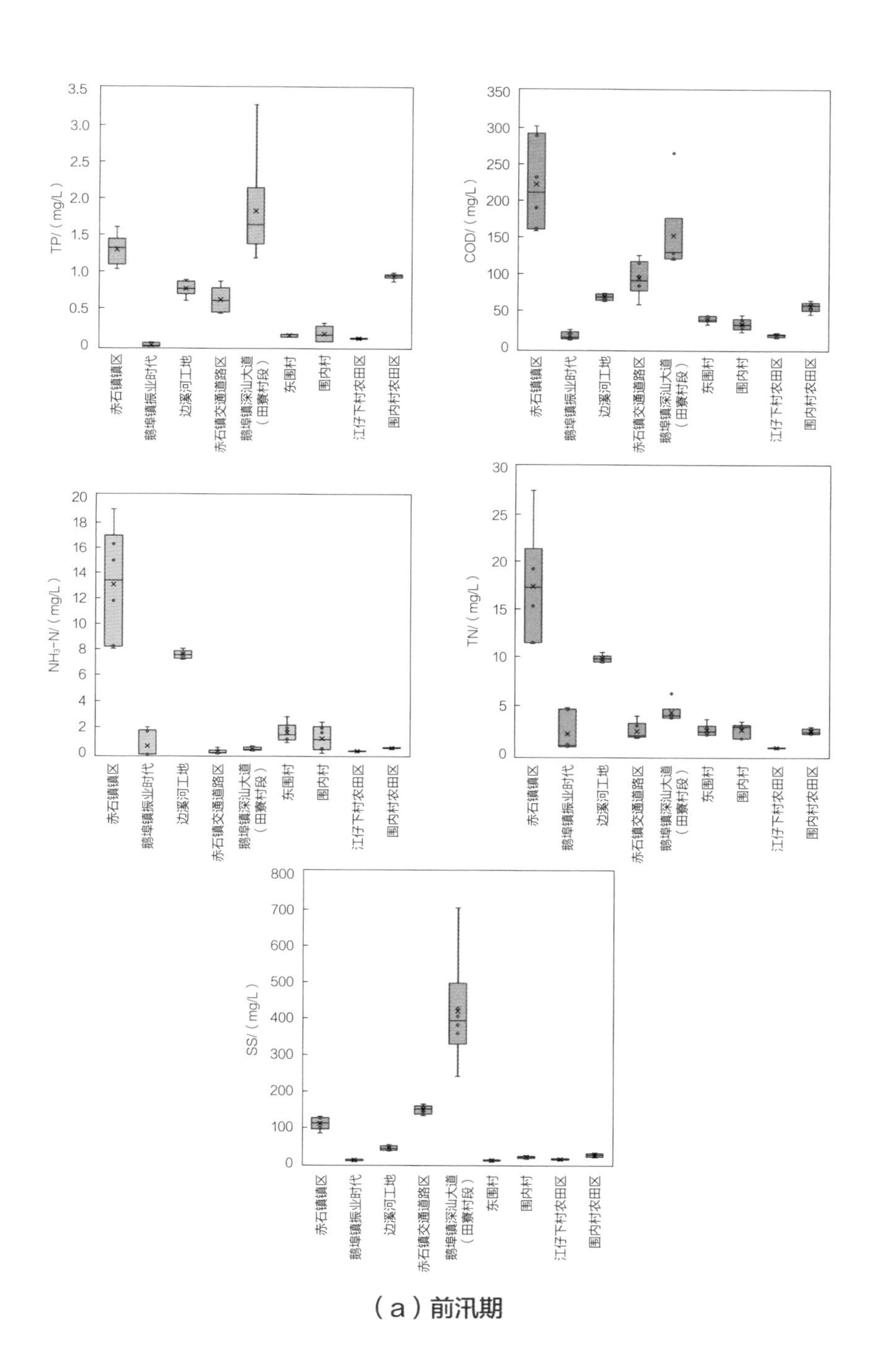
TP/（mg/L）
COD/（mg/L）
NH₃-N/（mg/L）
TN/（mg/L）
SS/（mg/L）
赤石镇镇区
鹅埠镇振业时代
边溪河工地
赤石镇交通道路区
鹅埠镇深汕大道（田寮村段）
东围村
围内村
江仔下村农田区
围内村农田区

（a）前汛期

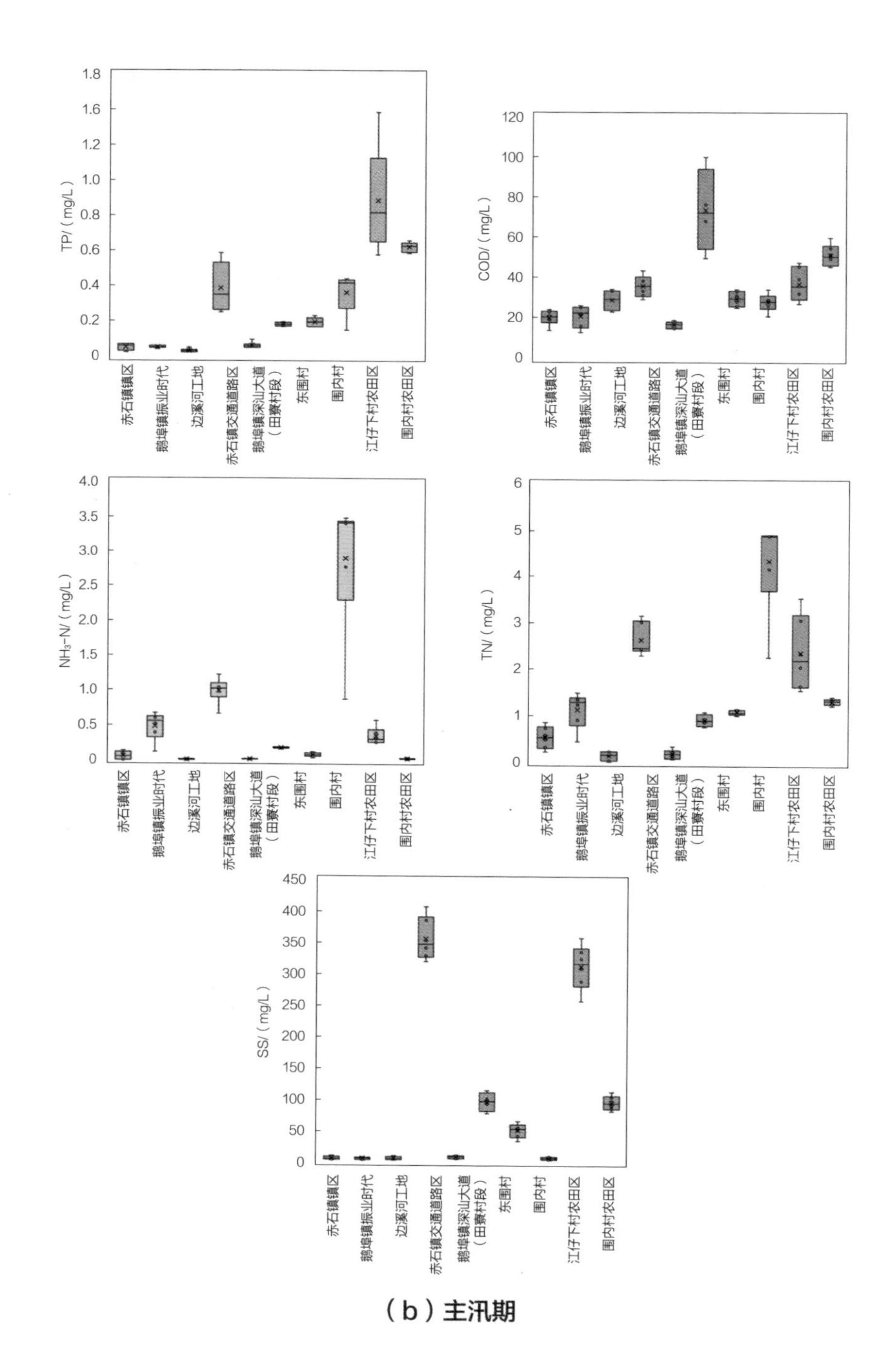
TP/（mg/L）
COD/（mg/L）
NH_3-N/（mg/L）
TN/（mg/L）
SS/（mg/L）
赤石镇镇区
鹅埠镇振业时代
边溪河工地
赤石镇交通道路区
鹅埠镇深汕大道（田寮村段）
东围村
围内村
江仔下村农田区
围内村农田区

（b）主汛期

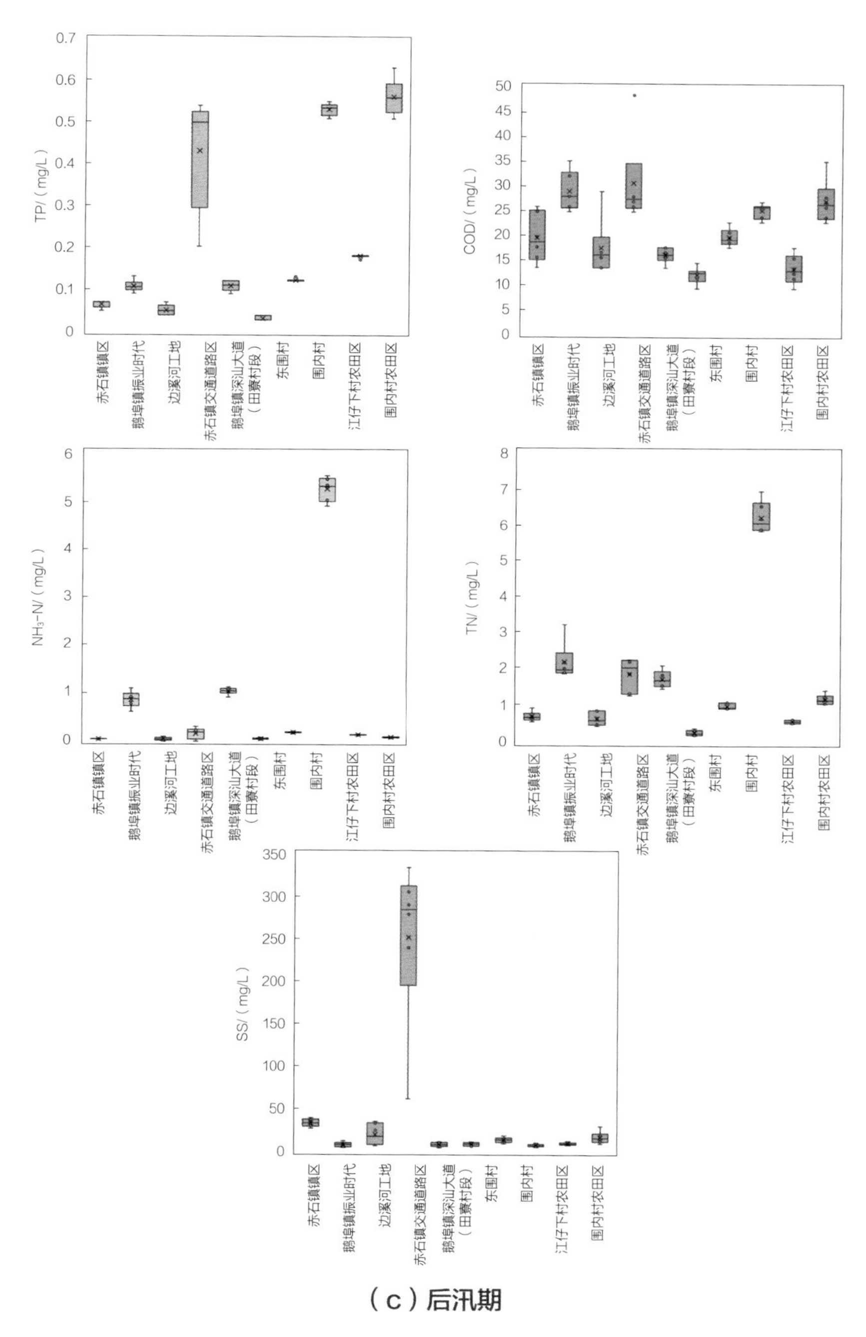

（c）后汛期

图 5-3　雨水径流样品中主要污染物在不同采样点的分布情况

与主汛期、后汛期相比，前汛期各功能区雨水径流污染物浓度最高，NH_3-N和COD浓度均值分别是主汛期、后汛期的3倍、4倍。其中城镇下垫面（住宅区、交通道路区、施工工地）前汛期雨水径流污染较重，5月雨水径流中测得COD、NH_3-N、TP浓度均值分别为106 mg/L、5.0 mg/L、0.9 mg/L，远超地表水Ⅴ类标准。一方面，由于城镇正处于大开发时期，施工工地较多，交通道路上来往的施工车辆携带大量泥土，导致路面径流SS和TP含量非常高，如B镇国道在5月降雨形成径流的第一个样品中测得SS浓度高达700 mg/L，TP浓度高达3.27 mg/L；另一方面，城镇老镇区管网基础非常薄弱，雨污合流现象严重，雨水径流中含有大量的生活污水，尤其是5月前汛期，管网中积存的污水、污泥随雨水冲刷出来，各污染物浓度都非常高，如A镇镇区5月测得的雨水径流COD浓度最高达301 mg/L，NH_3-N浓度最高达18.9 mg/L。

农村区域包括农村居住区和农田区，雨季不同时期测得的雨水径流污染物浓度相差不大。农村居住区雨水径流除9月NH_3-N浓度超地表水Ⅴ类标准外，其他时期的COD、NH_3-N和TP浓度基本符合地表水Ⅲ～Ⅴ类标准；农田区NH_3-N浓度较低，低于地表水Ⅲ类标准，TP浓度较高，尤其是C镇农田区，各汛期测得的TP浓度均超过地表水Ⅴ类标准，COD浓度除C镇农田区5月和7月超地表水Ⅴ类标准以外，其他点位各时期COD浓度均低于地表水Ⅴ类标准。

5.3.3 不同功能区雨水径流水质特征分析

5.3.3.1 不同功能区SS变化特征分析

雨水径流中SS主要来源于大气干湿沉降及降雨对道路、垃圾堆放点和裸露土地的冲刷等。本次雨水径流研究测得各点位SS浓度为8～700 mg/L，其中，前汛期的交通道路区、主汛期的施工工地和农田区、后汛期的施工工地SS浓度较高，均在200 mg/L以上。

5个功能区3场雨水径流测得SS浓度随降雨历时的变化见图5-4，前汛期降雨事件中各地雨量及雨强均较小，采样期间累计降水量在5 mm以下，该次降雨事件中交通道路区雨水径流SS浓度最高且随着降雨历时的变化最为明显，径流开始出现时采集的第一个样品的SS浓度即达到最高值，5 min后浓度大幅下降，降幅达51%。可能由于是交通道路区，国道施工车辆较多，路面累积了大量尘土，雨水冲刷的效应非常明显；其他功能区SS浓度相对较低且随降雨历时变化不大，其中农村下垫面（农村居住区、农田区）由于硬质地面减少，农田、草地等对雨水冲刷有一定的缓冲作用，在雨量和雨强均不大的情况下，其雨水径流的SS浓度较低；此外，城镇住宅区中位于老镇区的A镇小区比位于新建城区的B镇小区的SS浓度约高7倍，汇集面的地表清洁度是很重要的一个原因。

主汛期降雨事件中各地雨量及雨强均较大，采样期间累计降水量为15～30 mm，该次降雨事件中施工工地SS浓度最高，随降雨历时呈先下降后升高再下降的趋势，B镇河边施工工地裸露地面较多，受雨水冲刷的影响较大，雨强越大，冲刷作用越明显；交通道路区随降雨历时的增加在

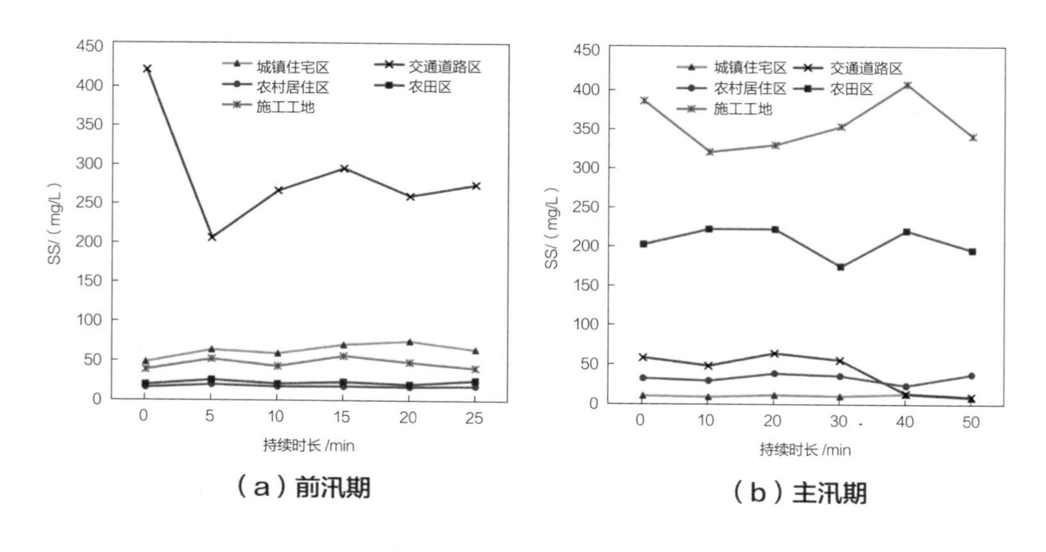

（a）前汛期

（b）主汛期

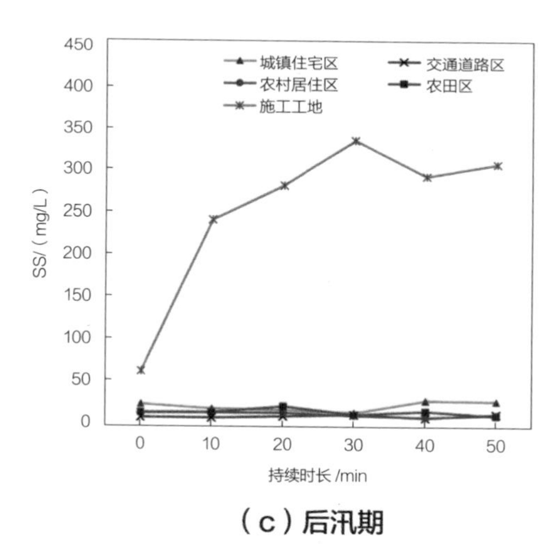

（c）后汛期

图 5-4　不同功能区 SS 浓度随降雨历时变化

由于实际监测时雨量情况不一，5月23日采样时间间隔为5 min，7月17日与9月15日采样时间间隔为10 min，下同。

雨水的冲刷作用下SS浓度明显下降，降幅为76%，可能是因为雨强较大，道路表层滞留的污染物很快被雨水冲刷干净。

后汛期降雨事件中各地雨量及雨强均较大，采样期间累计降水量为15～25 mm，略小于7月17日采样期间的雨强。在该次降雨事件中，施工工地的SS浓度仍然是最高的，随降雨历时变化最明显，浓度随降雨历时的增加在雨水的冲刷作用下快速升高，前10 min上升尤其明显，升幅为273%，后趋于稳定；其他功能区SS浓度较低，随降雨历时无明显变化。

5.3.3.2 不同功能区COD变化特征分析

本次雨水径流研究测得的各点位COD浓度为10～301 mg/L，其中，COD浓度较高时期基本集中在前汛期，城镇住宅区、交通道路区、施工工地前汛期的COD浓度均值分别为121.0 mg/L、125.5 mg/L、71.8 mg/L。

5个功能区3场雨水径流测得的COD浓度随降雨历时的变化见图5-5。

在前汛期降雨事件中，城镇硬质下垫面降雨冲刷效应较明显，城镇住宅区与交通道路区初期雨水径流COD浓度均较高，然后其浓度随降雨历时的增加在雨水的冲刷作用下逐渐降低；对于同样的功能区，位于老镇区的A镇小区COD浓度较新建城区B镇小区点位约高10倍，这可能是因为老镇区污染物来源较复杂，存在的不确定因素较多，地面洁净度较低；位于国道的点位COD浓度较位于乡道交通道路区点位高约0.6倍，这可能由于国道车流量大，来往的施工车辆较多，其下垫面污染物积存量较大。

在主汛期降雨事件中，大部分功能区雨水径流的COD浓度变化呈相似的规律，前10 min上升然后下降并趋于稳定；交通道路区的COD浓度随降雨历时的变化波动明显，前20 min达到峰值后明显下降，降幅达65%。

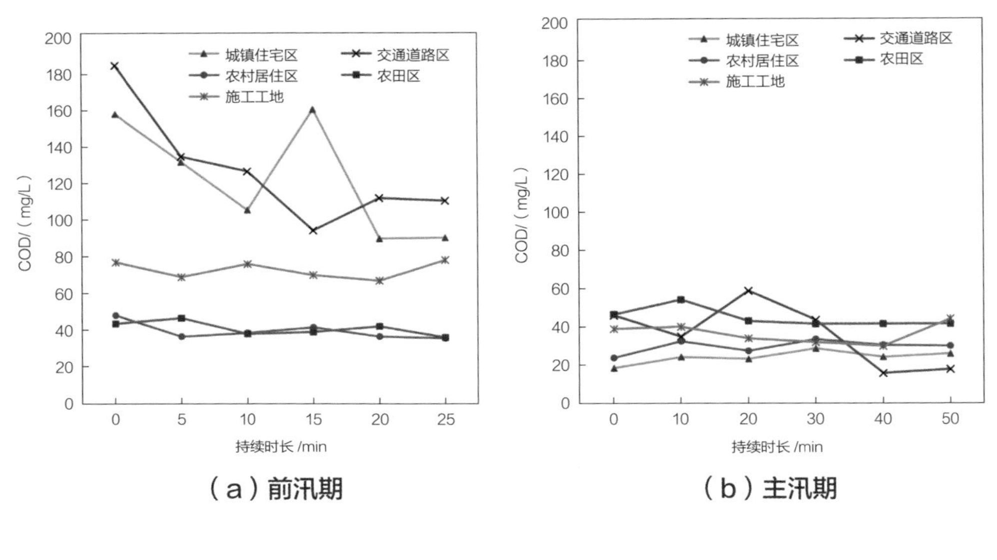

（a）前汛期　　　　（b）主汛期

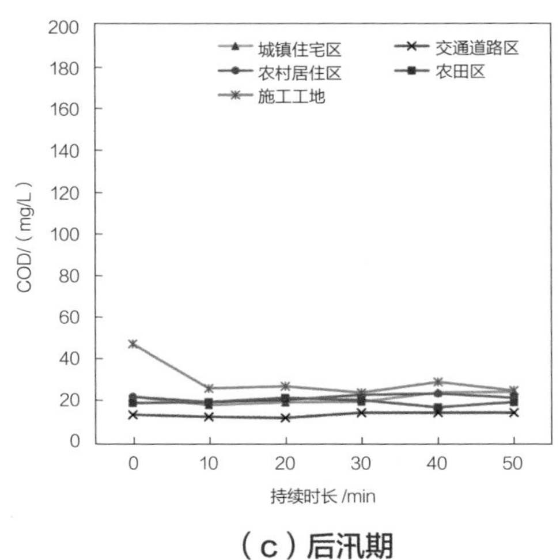

（c）后汛期

图 5-5　不同功能区 COD 浓度随降雨历时变化

在后汛期降雨事件中，施工工地雨水径流COD浓度随降雨历时变化较为明显，降雨初期径流COD浓度较高，然后随降雨历时的增加在雨水的冲刷作用下迅速降低，呈现明显冲刷效应；其他功能区COD浓度变化较为稳定。与前两次降雨事件相比，该次降雨事件中各功能区雨水径流COD浓度最低，可能与该次降雨处于后汛期及降雨前有持续降雨有关。

5.3.3.3　不同功能区NH_3-N变化特征分析

本次雨水径流研究测得各点位NH_3-N浓度为0.045～18.9 mg/L，其中，前汛期城镇住宅区和施工工地、后汛期农村居住区NH_3-N浓度较高，分别为6.9 mg/L、7.7 mg/L、2.7 mg/L，均为劣Ⅴ类。

5个功能区3场雨水径流测得的NH_3-N浓度随降雨历时的变化见图5-6。

在前汛期降雨事件中，施工工地NH_3-N浓度最高，达到7.66 mg/L，且随着降雨历时变化不大，基本维持在7 mg/L以上，很可能是混入了生活污水的原因；其次是城镇住宅区，NH_3-N浓度为6.9 mg/L，NH_3-N浓度随降雨历时变化最为明显，在前20 min下降，降幅为61%，后有所上升，该波动变化主要受A镇小区点位影响，该点位汇集面不确定因素较多，雨污合流为主，地面洁净度低，雨水径流中除了城镇地表冲刷污水，可能还混入了大量生活污水，导致该点位的NH_3-N浓度较B镇小区的约高16倍。

在主汛期降雨事件中，各功能区雨水径流NH_3-N浓度均不高，能够达到地表水Ⅴ类标准。其中农村居住区雨水径流NH_3-N浓度随降雨历时在前20 min达到最高值，升幅为238%；施工工地雨水径流NH_3-N浓度随降雨历时在前20 min下降到最低，降幅为43.7%；其他功能区NH_3-N浓度随降雨历时无明显变化。

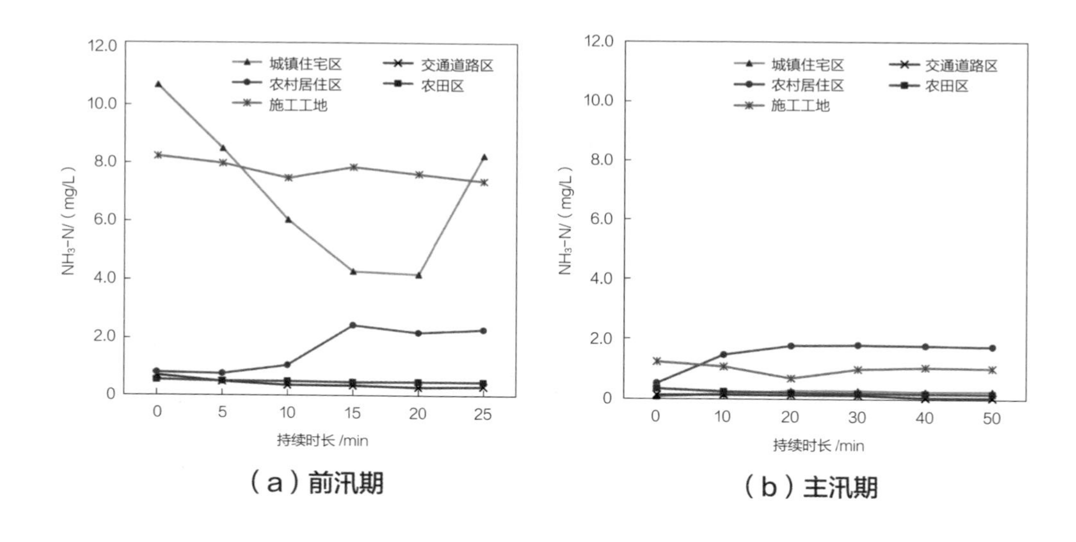

（a）前汛期

（b）主汛期

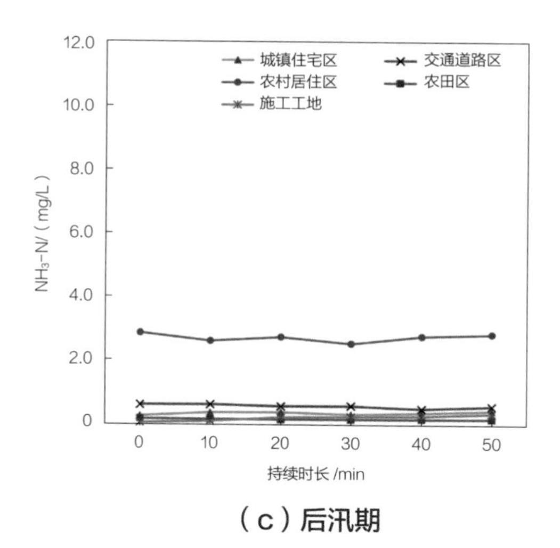

（c）后汛期

图 5-6　不同功能区 NH_3-N 浓度随降雨历时变化

在后汛期降雨事件中，各功能区除农村居住区外，其他功能区雨水径流NH_3-N浓度均不高，能够达到地表水Ⅴ类标准。各功能区NH_3-N浓度随降雨历时无明显变化。农村居住区NH_3-N浓度较高主要是受C镇农村的影响，该村庄人口较多，由于管网不完善，雨季生活污水溢流现象严重，在该点位采集的雨水径流中可能混入了生活污水。

5.3.3.4　不同功能区TN变化特征分析

本次雨水径流研究测得各点位TN浓度为0.07～27.40 mg/L，其中，前汛期城镇住宅区、施工工地、交通道路区及后汛期农村居住区TN浓度较高，分别为9.88 mg/L、9.95 mg/L、3.60 mg/L和3.63 mg/L。

5个功能区3场雨水径流测得的TN浓度随降雨历时的变化见图5-7。

在前汛期降雨事件中，施工工地TN浓度最高，达9.95 mg/L，且随降雨历时变化不大，基本维持在9 mg/L以上，其原因很可能是混入了生活污水；其次是城镇住宅区，TN浓度为9.88 mg/L，TN浓度随降雨历时变化最为明显，前20 min下降，降幅为61%，后有所上升，该波动变化主要受A镇小区点位影响，该点位汇集面不确定因素较多，以雨污合流为主，地面洁净度低，雨水径流中除了城镇地表冲刷污水，可能还混入了大量的生活污水，导致该点位的TN浓度较B镇小区的约高6.4倍。

在主汛期降雨事件中，农村居住区雨水径流TN浓度与其他功能区相比最高，随降雨历时在前20 min达到最高值后变化不大，升幅为73%；其次是施工工地和农田区，TN浓度随降雨历时的增加在雨水的冲刷作用下逐渐降低。

在后汛期降雨事件中，各功能区除农村居住区外，其他功能区雨水径

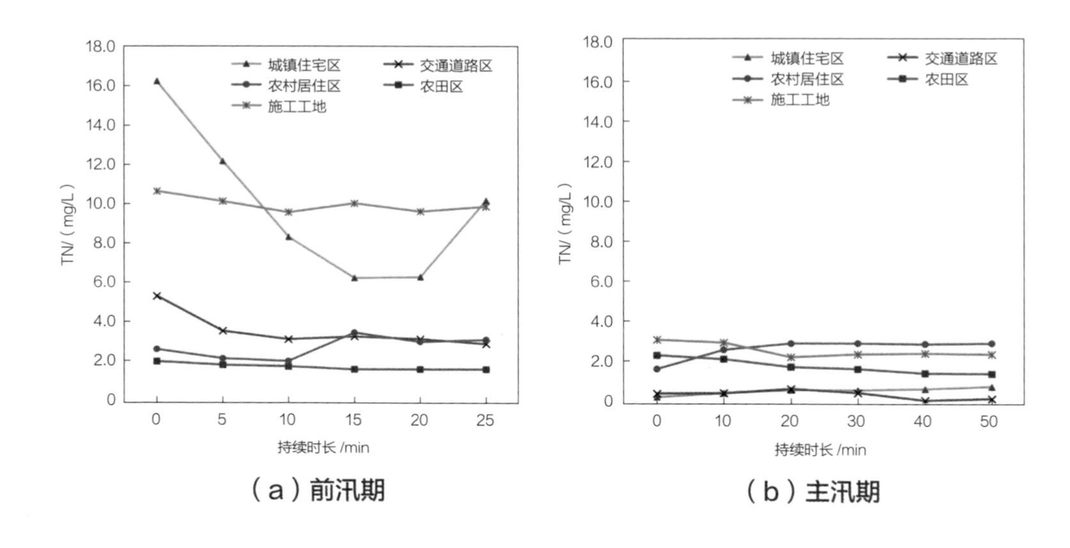

（a）前汛期　　（b）主汛期

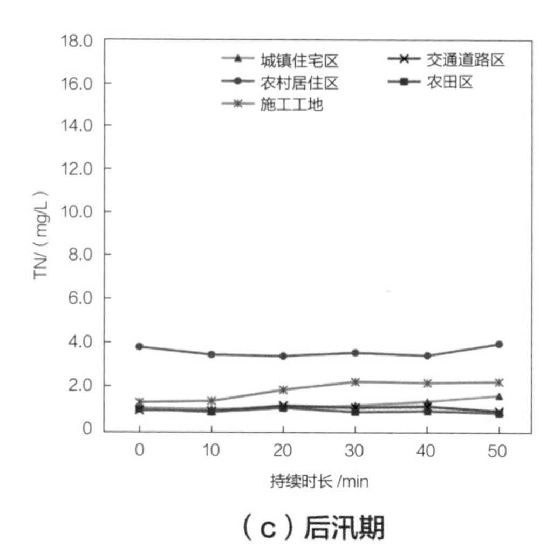

（c）后汛期

图 5-7　不同功能区 TN 浓度随降雨历时变化

流TN浓度均不高，均低于2 mg/L。农村居住区TN浓度较高主要是受C镇农村的影响，该村庄人口较多，由于管网不完善，雨季生活污水溢流现象严重，在该点位采集的雨水径流中可能混入了生活污水。

5.3.3.5 不同功能区TP变化特征分析

本次雨水径流研究测得的各点位TP浓度为0.02～3.27 mg/L，其中，前汛期的交通道路区、施工工地和主汛期的农田区TP浓度较高，分别为1.25 mg/L、0.80 mg/L和0.86 mg/L。

5个功能区3场雨水径流测得的TP浓度随降雨历时的变化见图5-8。

在前汛期降雨事件中，交通道路区雨水径流TP浓度最高且随降雨历时变化最为明显，径流开始出现时采集的第一个样品的TP浓度即达到最高值，5 min后浓度大幅下降，降幅达49%，可能由于是交通道路区，主干道国道施工车辆较多，路面累积了大量尘土，降雨冲刷的效应非常明显；其他功能区TP浓度相对较低且随降雨历时变化不大，其中农村下垫面（农村居住区、农田区）由于硬质地面减少，农田、草地等对雨水冲刷有一定的缓冲作用，在雨量和雨强均不大的情况下，其雨水径流的TP浓度较低。

在主汛期降雨事件中，农田区雨水径流TP浓度最高，其次是施工工地，这两个功能区TP浓度随降雨历时变化规律相似，均是随降雨历时浓度逐渐下降；农村居住区则相反，在降雨的前30 min内TP浓度逐步上升。

在后汛期降雨事件中，施工工地、农村居住区和农田区雨水径流TP浓度较高，其中，施工工地雨水径流TP浓度随降雨历时有较明显变化，20 min内升至峰值，升幅为157%，其他功能区TP浓度随降雨历时变化不大。

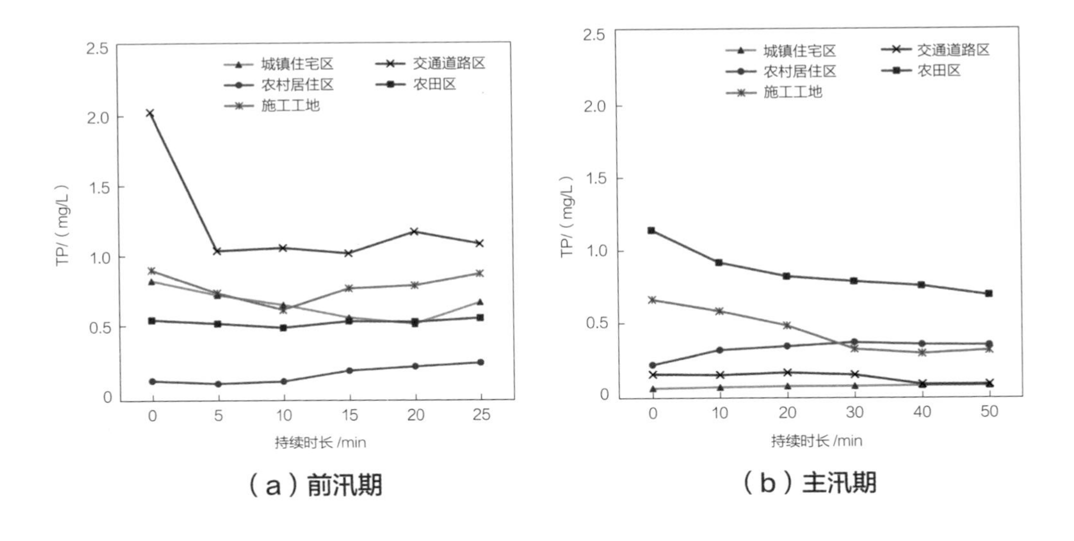

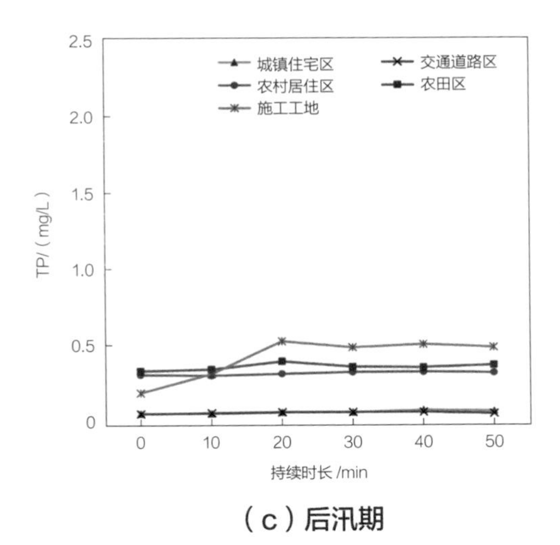

（c）后汛期

图 5-8　不同功能区 TP 浓度随降雨历时变化

5.3.4 主要雨水径流污染物相关性分析

对3次降雨事件所收集到的180组主要污染物监测数据进行相关分析，得到主要污染物之间的Pearson相关系数（表5-5）。雨水径流中不同污染物指标普遍存在一定程度的正相关关系，其中SS与TP、COD之间分别存在极显著正相关关系，分别为中度、低度相关，部分TP、COD以颗粒吸附态存在于雨水径流中；SS与TN存在sig.＜0.05级别的低度正相关关系，两者之间为弱相关，与NH_3-N之间不存在相关关系，雨水径流中NH_3-N主要以游离态存在。

表 5-5 雨水径流中主要污染物指标相关分析结果

		TP	COD	NH_3-N	TN	SS
TP	皮尔逊相关性	1.000	0.775**	0.424**	0.588**	0.668**
	显著性（双尾）	—	0.000	0.000	0.000	0.000
COD	皮尔逊相关性	0.775**	1.000	0.612**	0.738**	0.438**
	显著性（双尾）	0.000	—	0.000	0.000	0.000
NH_3-N	皮尔逊相关性	0.424**	0.612**	1.000	0.968**	-0.018
	显著性（双尾）	0.000	0.000	—	0.000	0.811
TN	皮尔逊相关性	0.588**	0.738**	0.968**	1.000	0.154*
	显著性（双尾）	0.000	0.000	0.000	—	0.044
SS	皮尔逊相关性	0.668**	0.438**	-0.018	0.154*	1.000
	显著性（双尾）	0.000	0.000	0.811	0.044	—

注：**在 0.01 级别（双尾），相关性显著；
*在 0.05 级别（双尾），相关性显著。

5.3.4.1 城镇住宅区

根据城镇住宅区监测数据计算得到各项污染物之间的Pearson相关系数（表5-6），各项污染物之间均存在sig.＜0.01级别的极显著高度正相关关系，相关系数均大于0.8。

表 5-6 城镇住宅区雨水径流中主要污染物指标相关分析结果

		TP	COD	NH_3-N	TN	SS
TP	皮尔逊相关性	1.000	0.957**	0.979**	0.968**	0.909**
	显著性（双尾）	—	0.000	0.000	0.000	0.000
COD	皮尔逊相关性	0.957**	1.000	0.914**	0.914**	0.883**
	显著性（双尾）	0.000	—	0.000	0.000	0.000
NH_3-N	皮尔逊相关性	0.979**	0.914**	1.000	0.993**	0.842**
	显著性（双尾）	0.000	0.000	—	0.000	0.000
TN	皮尔逊相关性	0.968**	0.914**	0.993**	1.000	0.824**
	显著性（双尾）	0.000	0.000	0.000	—	0.000
SS	皮尔逊相关性	0.909**	0.883**	0.842**	0.824**	1.000
	显著性（双尾）	0.000	0.000	0.000	0.000	—

注：**在 0.01 级别（双尾），相关性显著。

城镇住宅区雨水径流中COD、NH_3-N、TP、TN与SS有较高的同源性，污染物质主要以颗粒吸附态存在，污染物主要来源可能为车流与人流带来的垃圾、生活垃圾、市场垃圾、大气沉降等。

5.3.4.2　交通道路区

根据交通道路区监测数据计算得到各项污染物之间的Pearson相关系数（表5-7），TP、COD、TN之间均存在sig.＜0.01级别的极显著高度正相关关系，相关系数均大于0.85；NH_3-N与TN之间存在显著低度正相关关系，与TP、COD之间不存在相关关系；SS与TP、COD、TN之间存在sig.＜0.01级别的极显著高度正相关关系，相关系数均大于0.85，与NH_3-N之间不存在相关关系。

表 5-7　交通道路区雨水径流中主要污染物指标相关分析结果

		TP	COD	NH_3-N	TN	SS
TP	皮尔逊相关性	1.000	0.925**	0.201	0.912**	0.982**
	显著性（双尾）	—	0.000	0.254	0.000	0.000
COD	皮尔逊相关性	0.925**	1.000	0.119	0.867**	0.930**
	显著性（双尾）	0.000	—	0.503	0.000	0.000
NH_3-N	皮尔逊相关性	0.201	0.119	1.000	0.472**	0.140
	显著性（双尾）	0.254	0.503	—	0.005	0.430
TN	皮尔逊相关性	0.912**	0.867**	0.472**	1.000	0.887**
	显著性（双尾）	0.000	0.000	0.005	—	0.000
SS	皮尔逊相关性	0.982**	0.930**	0.140	0.887**	1.000
	显著性（双尾）	0.000	0.000	0.430	0.000	—

注：**在 0.01 级别（双尾），相关性显著。

交通道路区污染物主要来源可能为车流与人流带来的垃圾、泥土、轮胎磨损、机动车尾气、路面沥青及大气沉降等，雨水径流中TP、COD、TN污染物主要以颗粒吸附态存在。

5.3.4.3 农村居住区

根据农村居住区监测数据计算得到各项污染物之间的Pearson相关系数（表5-8），TP、NH_3-N、TN之间均存在sig.＜0.01级别的极显著高度正相关关系，相关系数均大于0.85；COD与其他营养物指标不存在相关关系；SS与NH_3-N、TN之间存在sig.＜0.01级别的显著中度负相关关系，相关系数小于-0.5，与TP、COD之间不存在相关关系。

表 5-8 农村居住区雨水径流中主要污染物指标相关分析结果

		TP	COD	NH_3-N	TN	SS
TP	皮尔逊相关性	1.000	-0.192	0.889**	0.883**	-0.263
	显著性（双尾）	—	0.261	0.000	0.000	0.122
COD	皮尔逊相关性	-0.192	1.000	-0.052	0.019	0.000
	显著性（双尾）	0.261	—	0.764	0.912	0.998
NH_3-N	皮尔逊相关性	0.889**	-0.052	1.000	0.982**	-0.545**
	显著性（双尾）	0.000	0.764	—	0.000	0.001
TN	皮尔逊相关性	0.883**	0.019	0.982**	1.000	-0.549**
	显著性（双尾）	0.000	0.912	0.000	—	0.001
SS	皮尔逊相关性	-0.263	0.000	-0.545**	-0.549**	1.000
	显著性（双尾）	0.122	0.998	0.001	0.001	—

注：**在 0.01 级别（双尾），相关性显著。

农村居住区雨水径流中营养物主要以游离态存在，来源可能主要为生活污水、洗涤废水、生活垃圾等。

5.3.4.4 农田区

根据农田区监测数据计算得到各项污染物之间的Pearson相关系数（表5-9），营养物指标之间均呈正相关关系，TP与TN之间存在极显著高度正相关关系，NH_3-N与TN、COD与TP、TN之间存在极显著中度正相关关系，NH_3-N与TP、COD之间存在低度正相关关系；SS与TP、TN之间分别存在显著中度正相关关系，与COD、NH_3-N不存在相关关系。

表 5-9 农田区雨水径流中主要污染物指标相关分析结果

		TP	COD	NH_3-N	TN	SS
TP	皮尔逊相关性	1.000	0.797**	0.429**	0.918**	0.587**
	显著性（双尾）	—	0.000	0.009	0.000	0.000
COD	皮尔逊相关性	0.797**	1.000	0.397*	0.764**	0.230
	显著性（双尾）	0.000	—	0.017	0.000	0.176
NH_3-N	皮尔逊相关性	0.429**	0.397*	1.000	0.717**	0.104
	显著性（双尾）	0.009	0.017	—	0.000	0.547
TN	皮尔逊相关性	0.918**	0.764**	0.717**	1.000	0.503**
	显著性（双尾）	0.000	0.000	0.000	—	0.002
SS	皮尔逊相关性	0.587**	0.230	0.104	0.503**	1.000
	显著性（双尾）	0.000	0.176	0.547	0.002	—

注：**在 0.01 级别（双尾），相关性显著；
*在 0.05 级别（双尾），相关性显著。

农田区雨水径流中TP、TN与SS之间有一定同源性，营养物主要以游离态存在，部分以颗粒吸附态存在，来源可能主要为农田施用的化肥或农家肥等。

5.3.4.5 施工工地

根据施工工地监测数据计算得到各项污染物之间的Pearson相关系数（表5-10），各项营养物之间均存在sig.＜0.01级别的极显著正相关关系，相关系数均大于0.7，除TP与COD为中度相关外，其他指标之间均为高度相关；SS与各项营养物之间均呈显著负相关关系，SS除与TP之间为中度相关外，与其他指标之间为高度相关。

表 5-10 施工工地雨水径流中主要污染物指标相关分析结果

		TP	COD	NH_3-N	TN	SS
TP	皮尔逊相关性	1.000	0.738**	0.825**	0.855**	-0.599**
	显著性（双尾）	—	0.000	0.000	0.000	0.009
COD	皮尔逊相关性	0.738**	1.000	0.946**	0.941**	-0.878**
	显著性（双尾）	0.000	—	0.000	0.000	0.000
NH_3-N	皮尔逊相关性	0.825**	0.946**	1.000	0.998**	-0.827**
	显著性（双尾）	0.000	0.000	—	0.000	0.000
TN	皮尔逊相关性	0.855**	0.941**	0.998**	1.000	-0.818**
	显著性（双尾）	0.000	0.000	0.000	—	0.000
SS	皮尔逊相关性	-0.599**	-0.878**	-0.827**	-0.818**	1.000
	显著性（双尾）	0.009	0.000	0.000	0.000	—

注：**在 0.01 级别（双尾），相关性显著。

施工工地雨水径流中营养物主要以游离态存在，污染物浓度较高，除工地生活垃圾、建筑垃圾、粉尘等污染来源以外，径流中可能混入了大量生活污水；SS与其他指标呈负相关关系，可能是由于工地表层滞留的大部分污染物已在前汛期雨水中被冲刷，在主汛期、后汛期强降雨的情况下，降雨对工地裸露地表的冲刷导致SS浓度依然较高，但营养盐浓度与前汛期降雨时相比大幅下降。

5.3.5 小结

根据上述分析，研究区域雨水径流污染主要有以下特征：

（1）雨水径流中各种污染物在时空分布特征中呈现出时间和空间上的多样性，不同点位在降雨的不同时期污染物浓度变化很大，同一个点位不同时间的雨水径流污染物浓度分布范围也较广。

（2）与主汛期、后汛期相比，前汛期各功能区雨水径流污染物浓度最高，NH_3-N和COD浓度均值分别约是主汛期、后汛期的3倍和4倍，其中城镇下垫面（住宅区、交通道路、施工工地）最为突出，前汛期雨水径流污染最重；农村区域包括农村居住区和农田区，雨季不同时期测得的雨水径流污染程度总体上相差不大。

（3）硬质地面功能区，如城镇住宅区、交通道路区等降雨冲刷效应非常明显，前汛期的污染物浓度较高；农田、农村等硬质地面相对较少的区域则对雨水冲刷具有一定的缓冲作用，在雨量和雨强均不大的情况下，雨水径流污染物浓度相对较低。

（4）老镇区的雨水径流污染程度大于新建城区，这可能是因为老镇区污染物来源较复杂，存在的不确定因素较多，管网不完善，且地面洁净度较低。

（5）国道雨水径流污染程度大于乡道，这可能是由于国道车流量大，来往的施工车辆较多，其下垫面污染物积存量较大。

（6）施工工地雨水径流污染程度较重，各项污染物浓度均较高，除由于水土流失导致的SS、TP、COD等指标浓度高于其他功能区以外，还可能是由于混入了生活污水，导致NH_3–N、TN等指标浓度也较高。

（7）农田区TP的平均浓度相较于其他功能区最高，这是农民为促进农作物生长施加的磷肥及雨水冲刷带来的泥土流失所致。

（8）农村居住区的NH_3–N和TN平均浓度相较于其他功能区最高，主要是受C镇农村的影响，该村庄人口较多，由于管网不完善，雨季生活污水溢流现象严重，在该点位采集的雨水径流中可能混入了生活污水。

（9）雨水径流中SS与其他污染物指标有较强的相关性，尤其是前汛期，当雨量较小时，冲刷作用大于稀释作用，径流挟带着的颗粒污染物增多，颗粒污染物上附着的其他污染物也较多。

综上所述，雨水径流含有大量的污染物，尤其是前汛期，这部分雨水直接排放，会加重对受纳水体的污染，因此对该流域开展汛期污染控制工作是十分必要的。前汛期的雨水径流污染防治工作是该流域汛期污染控制的重点，在各功能区中，应该重点针对老镇区、施工工地、人口较多的农村居住区、国道等雨水径流污染较重的区域，尽可能从源头上采用一些工程性和非工程性的措施削减进入径流的污染物总量。

5.4 雨水径流污染负荷估算

5.4.1 土地利用解译结果分析

采用ENVI对研究区域遥感影像数据进行大气辐射校正、几何校正等预处理，然后利用ArcGIS10.2进行人工目视解译和数字化，获取研究区域的土地利用信息。研究区域遥感图解译结果的总体精度和Kappa系数较高（表5-11），均达到95%以上。总体来说，此分类精度满足本研究的要求。基于遥感解译结果，结合资料查阅和现场调查，对流域土地利用情况进行检查修正，得到研究区域土地利用分布情况，详见表5-12和图5-9。

2023年研究区域土地利用类型占比最高的是林地，占总面积的82.9%，其次是耕地与水域，占比分别为6.8%和3.7%，城镇和村庄占比相对接近，分别占2.0%和1.5%，施工工地和交通运输用地也占有一定比例，分别达到1.3%和1.1%，草地与荒地占比较小，合计不超过1%。

流域内各镇均具有较好的自然禀赋，特别是在林地、草地以及水域等自然资源方面，其综合占比普遍超过70%，其中，A镇凭借其卓越的自然条件，这些自然类型的占比更是高达90%，显示出极高的生态价值和保护潜力。但在自然地理条件和社会经济发展水平等因素作用下，各镇其他土地利用类型构成呈现出一定差异。

A镇虽然自然禀赋优越，但由于其开发程度相对较低，人类居住区域面积较小，城镇和村庄的占比合计不足2%，且以村庄为主；交通运输用地和施工工地占比也均低于1%，保留了大量的原生态自然空间。

B镇则呈现出土地利用类型的明显差异，其所在主要一级支流两岸的土地利用类型显著不同。与其他镇相比，B镇耕地面积占比最大，达到8.6%，主要集中在一级支流的南侧。而在支流的北侧，则聚集了较多的产业、新建住宅小区及配套设施以及老镇区，形成了城镇和村庄交错分布的格局，城镇与村庄占比分别为7.7%与2.9%，人口较为密集。同时，B镇的交通运输发达，交通运输用地占比达到2.9%，且多片区域处于开发阶段，施工工地占比高达4.7%，为全流域之最。

C镇则因其连片新建产业区和老镇区的存在，显示出较高的开发程度。该镇人口密集，城镇和村庄的占比分别为4.6%和3.1%。同时，C镇的交通也较为发达，交通运输用地占比达到1.1%。这些特点使得C镇在经济发展和人口聚集方面具有一定的优势。

表5-11　土地利用分类精度检验

单位：%

类型	生产者精度	使用者精度
林地	99.56	97.76
水域	96.67	93.74
城镇	99.78	95.23
村庄	96.68	96.65
耕地	99.71	98.15
荒地	100	100
草地	78.89	100

续表

类型	生产者精度	使用者精度
交通运输用地	93.56	92.32
施工工地	99.36	98.69
总体精度	96.62	
Kappa系数	96.54	

表5-12　研究区域土地利用类型构成比例

单位：%

镇	城镇	村庄	耕地	交通运输用地	施工工地	林地	草地	荒地	水域
A镇	0.6	1.2	6.4	0.7	0.6	86.6	0.6	0.1	3.2
B镇	7.7	2.9	8.6	2.9	4.7	67.8	0.2	0.3	4.9
C镇	4.6	3.1	6.7	1.1	0.5	72.3	0.0	0.0	11.7
全流域	2.0	1.5	6.8	1.1	1.3	82.9	0.5	0.2	3.7

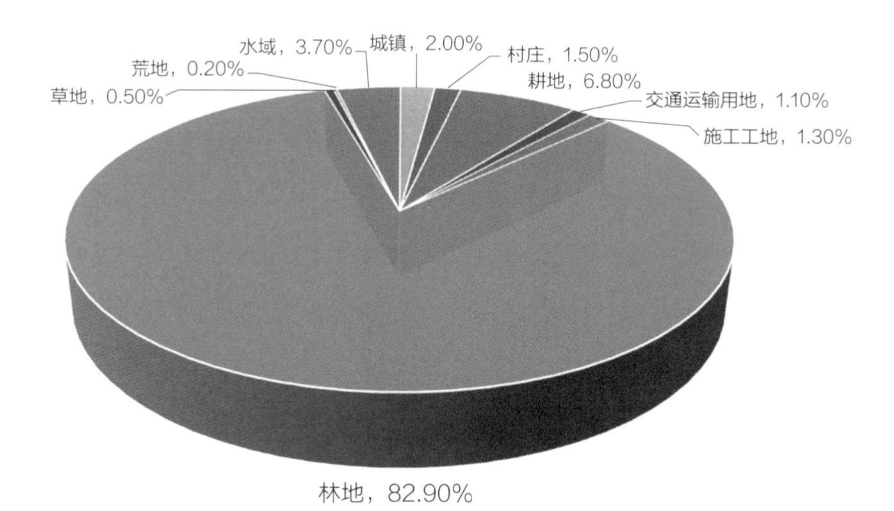

图 5-9　全流域土地利用类型构成比例

5.4.2 雨水径流污染负荷估算结果分析

利用平均浓度法估算2023年雨季前汛期、主汛期、后汛期3场典型降雨事件的雨水径流面源污染负荷，详见图5-10～图5-16。

1. 前汛期

在2023年前汛期的一次典型降雨事件中，虽然降水量不大，平均降水量仅4.3 mm，但由于处于初雨期，部分功能区雨水径流污染物浓度较高，导致全流域总径流污染负荷不可忽视。具体来说，该次降雨带来的COD、NH_3-N、TP、TN和SS的总排放量分别为8 t、0.3 t、0.1 t、0.5 t和7.6 t。这些污染物的来源与分布呈现出明显的地域差异，主要集中在A镇和B镇。

A镇由于面积较大，在面源污染贡献中占据重要地位，其COD、NH_3-N、TP、TN和SS的占比分别为49%、52%、35%、46%和39%；而B镇由于产业和人口密集，同样表现出较高的污染贡献，其COD、NH_3-N、TP、TN和SS占比分别为47%、43%、61%、50%和59%。

对于不同污染物，雨水径流污染负荷的主要贡献来源也不尽相同。COD和TP的主要来源是农田区，占比分别达32%和40%，且以A镇和B镇的贡献为主。对于NH_3-N和TN，面源污染的主要来源是城镇住宅区与施工工地，其占比为29%～43%。在这些区域中，A镇的城镇住宅区对NH_3-N和TN的贡献最大，而B镇的施工工地则是主要的污染源。至于SS，其面源污染的主要来源是交通道路区，占比高达52%，这其中B镇的SS贡献最显著。

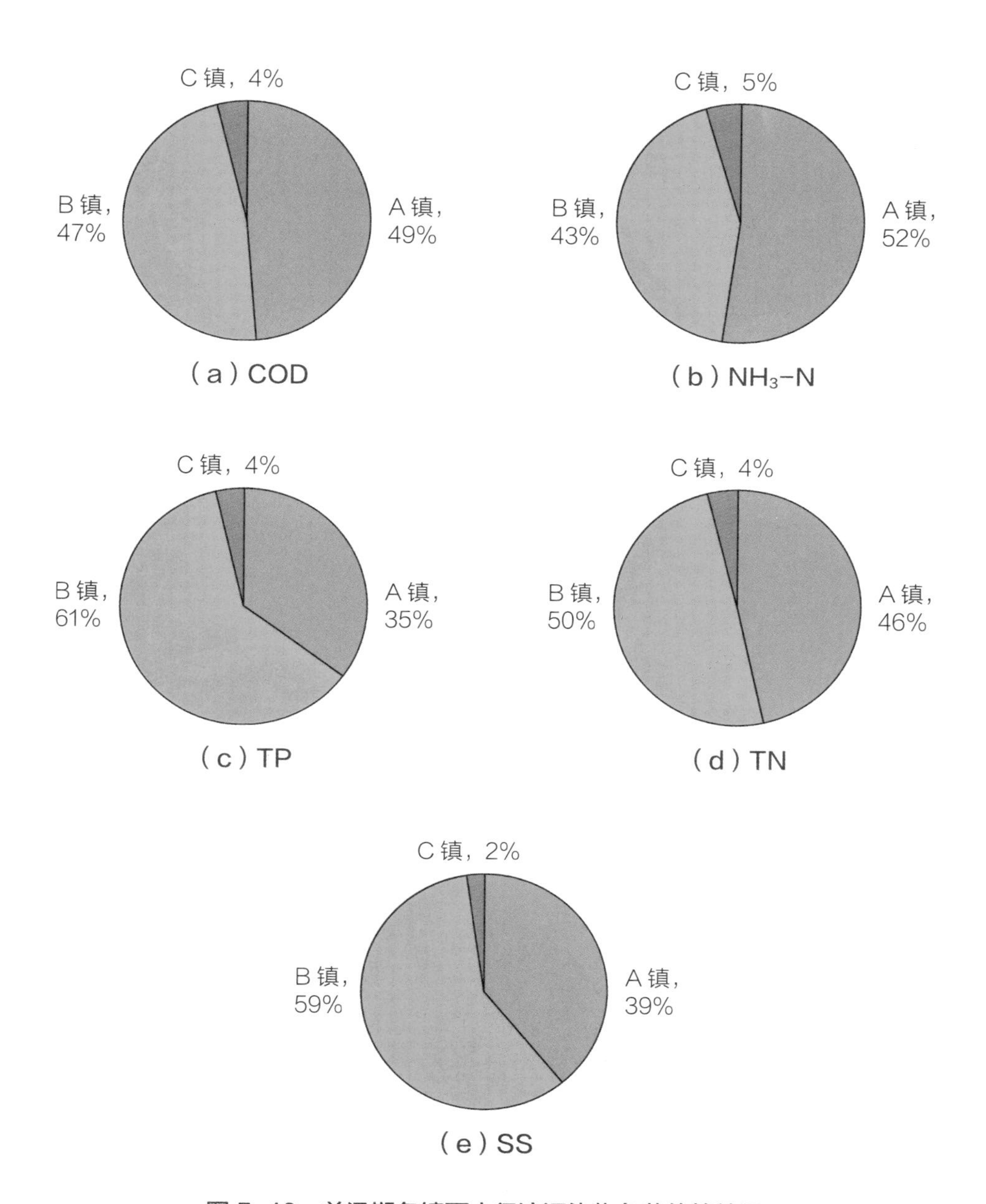

图 5-10　前汛期各镇雨水径流污染物负荷估算结果

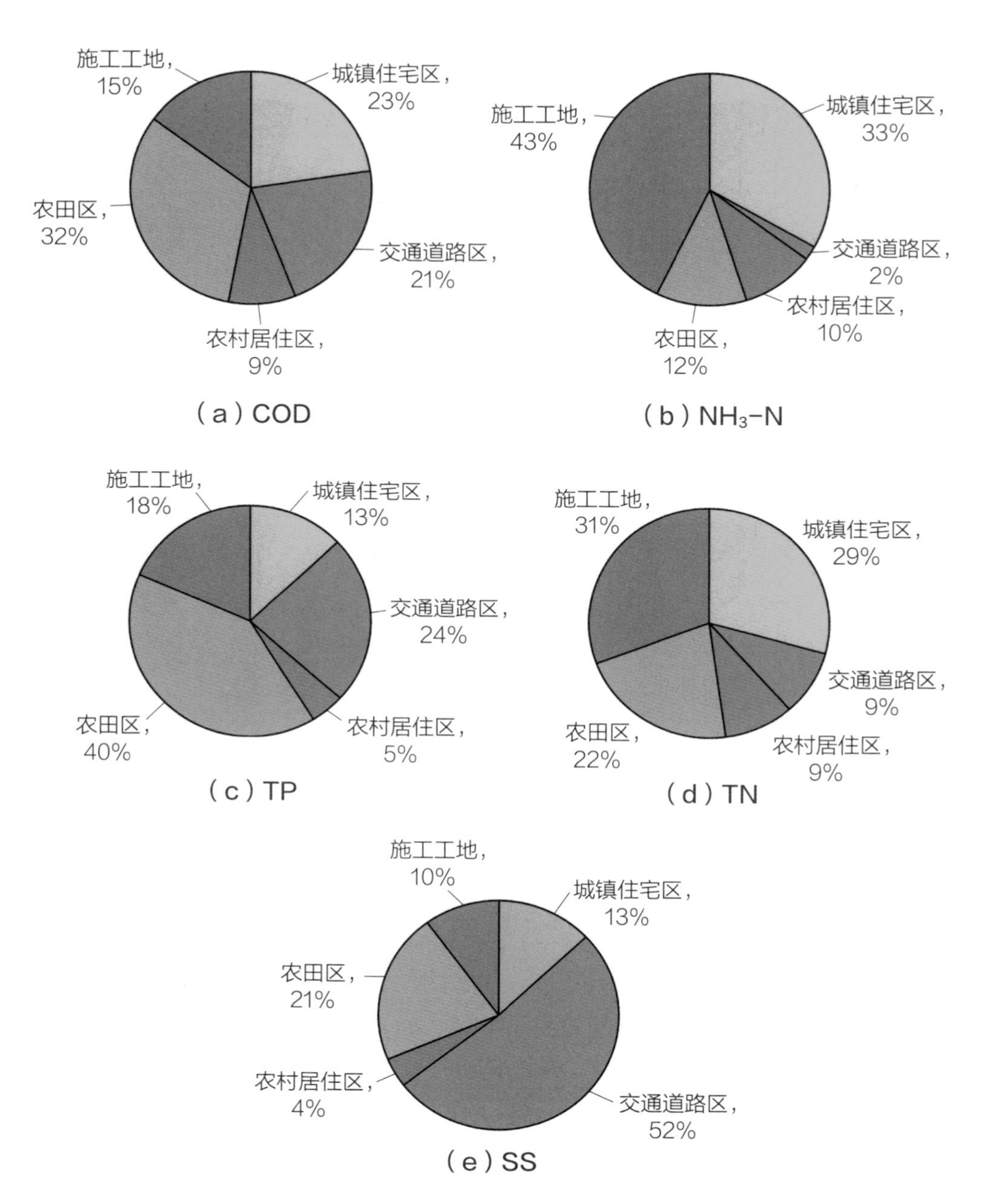

图 5-11　前汛期各功能区雨水径流污染物负荷估算结果

2. 主汛期

在2023年主汛期的一次典型降雨事件中（平均降水量约20 mm），雨水径流面源污染总负荷COD、NH_3-N、TP、TN和SS分别为68.5 t、0.8 t、1.3 t、3.7 t和423 t。尽管雨季已进入中期，初雨阶段已在一定程度上冲刷了各类表面面源污染物，但由于该时期降水量显著增大，一方面径流总量急剧增加，另一方面一些裸露地表，如农田区和施工工地，更易发生水土流失，因此面源污染负荷，尤其TP和SS，仍然保持在一个较高的水平。

在各功能区中，农田区虽然污染物浓度并不突出，但由于分布广、面积大，因此其污染贡献最大，其COD、TP、NH_3-N、TN与SS占比分别为68%、56%、88%、74%和83%。在各镇中，A镇农田面积最大，因此其污染贡献远大于其他镇，其COD、NH_3-N、TP、TN和SS占比分别为81%、78%、91%、87%和93%。

3. 后汛期

在2023年后汛期的一次典型降雨事件中（平均降水量约18 mm），雨水径流面源污染总负荷COD、NH_3-N、TP、TN和SS分别为49.3 t、1.3 t、0.6 t、3.3 t和103.5 t。随着雨季的推进和前期冲刷的累积效应，虽然此次降水量与主汛期相差不大，但各功能区雨水径流污染物浓度均有所下降，导致此次降雨的雨水径流污染负荷也相应减少。

在各镇中，B镇污染贡献较大，COD、NH_3-N、TP、TN和SS占比分别为54%、60%、57%、60%和67%。对于各污染物，COD和TP污染来源主要是农田区，占比分别为45%和59%，以A镇和B镇贡献为主；NH_3-N和TN污染来源主要是农田区，占比分别为60%和32%，以B镇为主。SS污染来源主要是施工工地，占比为67%，以B镇为主。

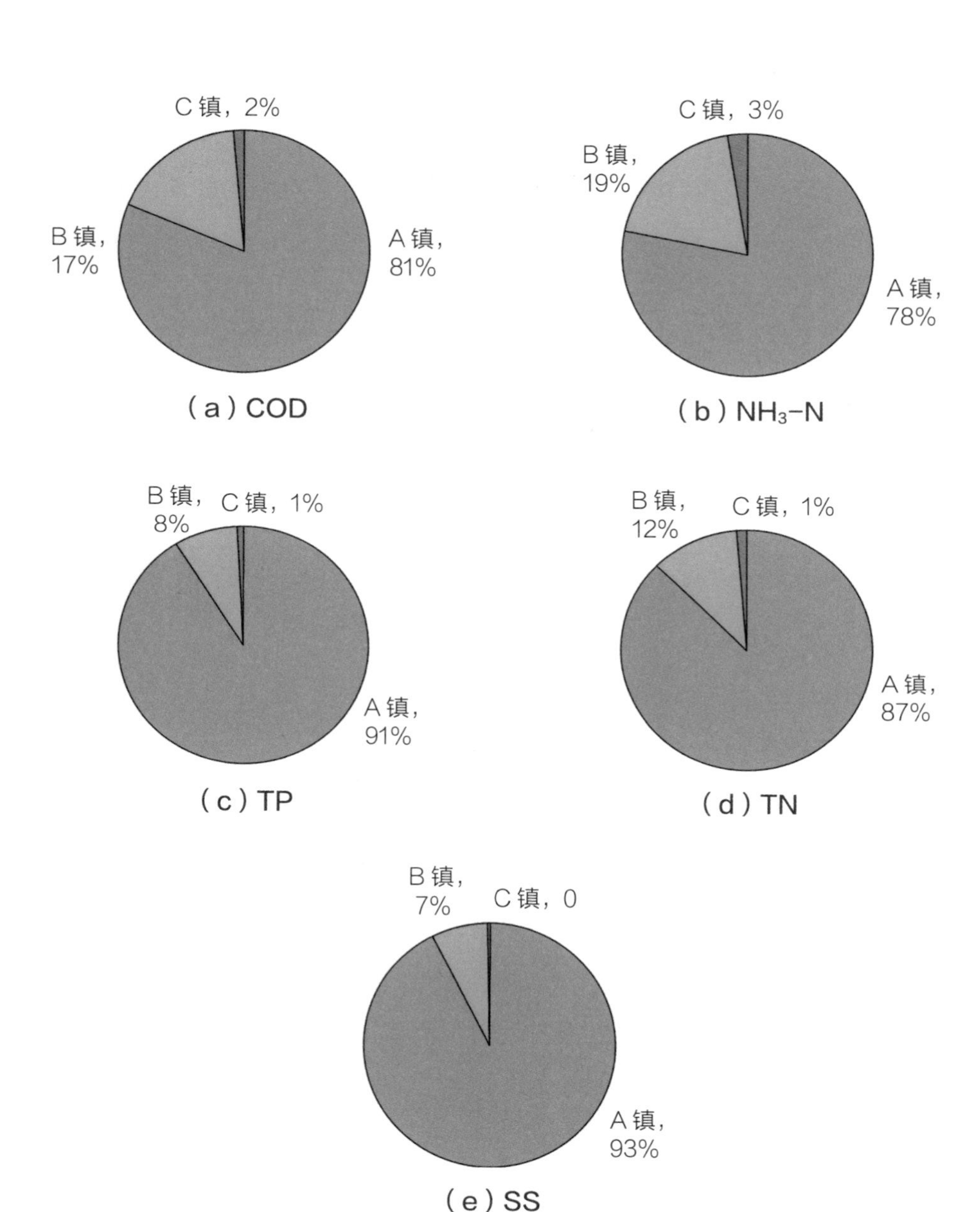

图 5-12　主汛期各镇雨水径流污染物负荷估算结果

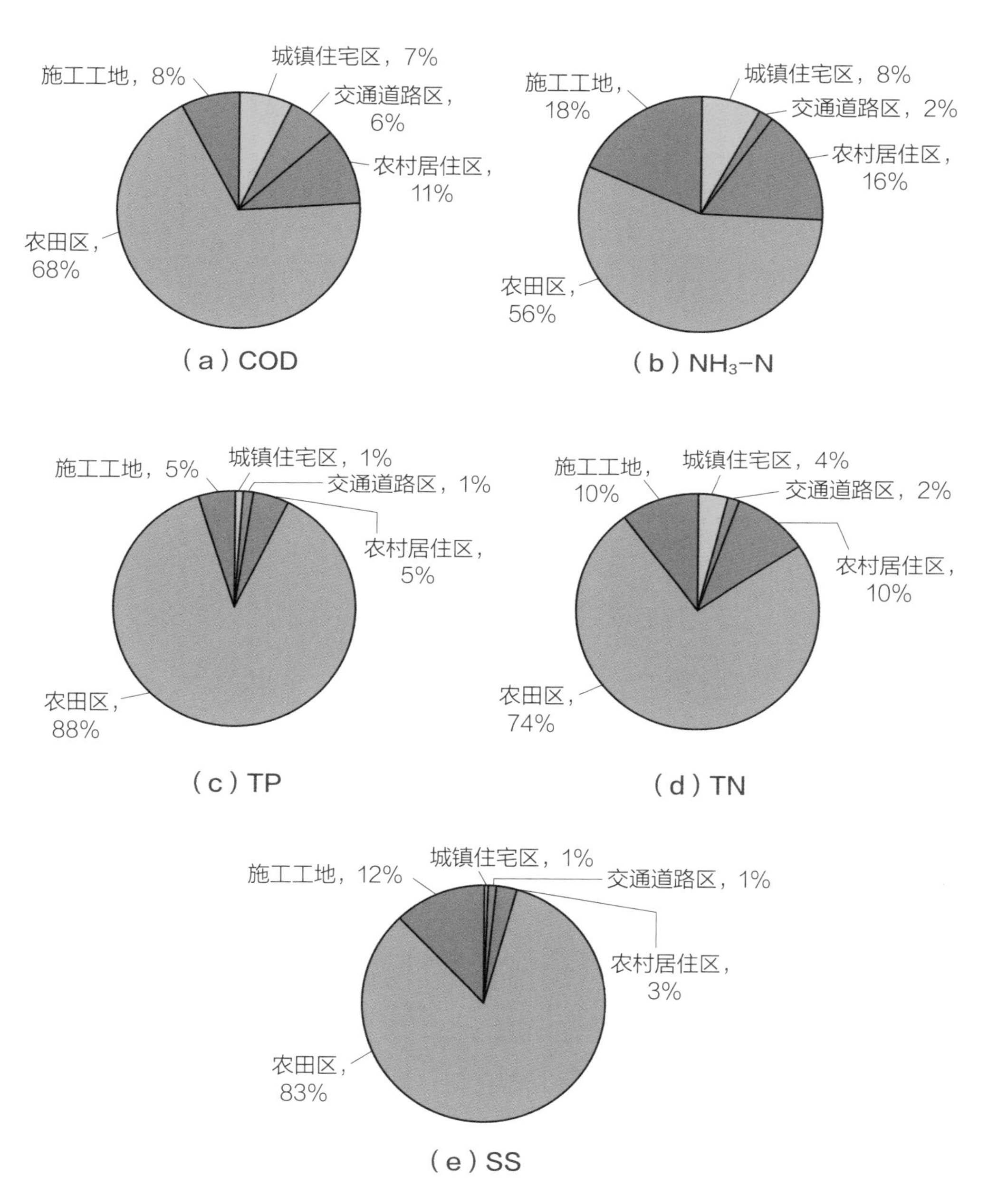

图 5-13　主汛期各功能区雨水径流污染物负荷估算结果

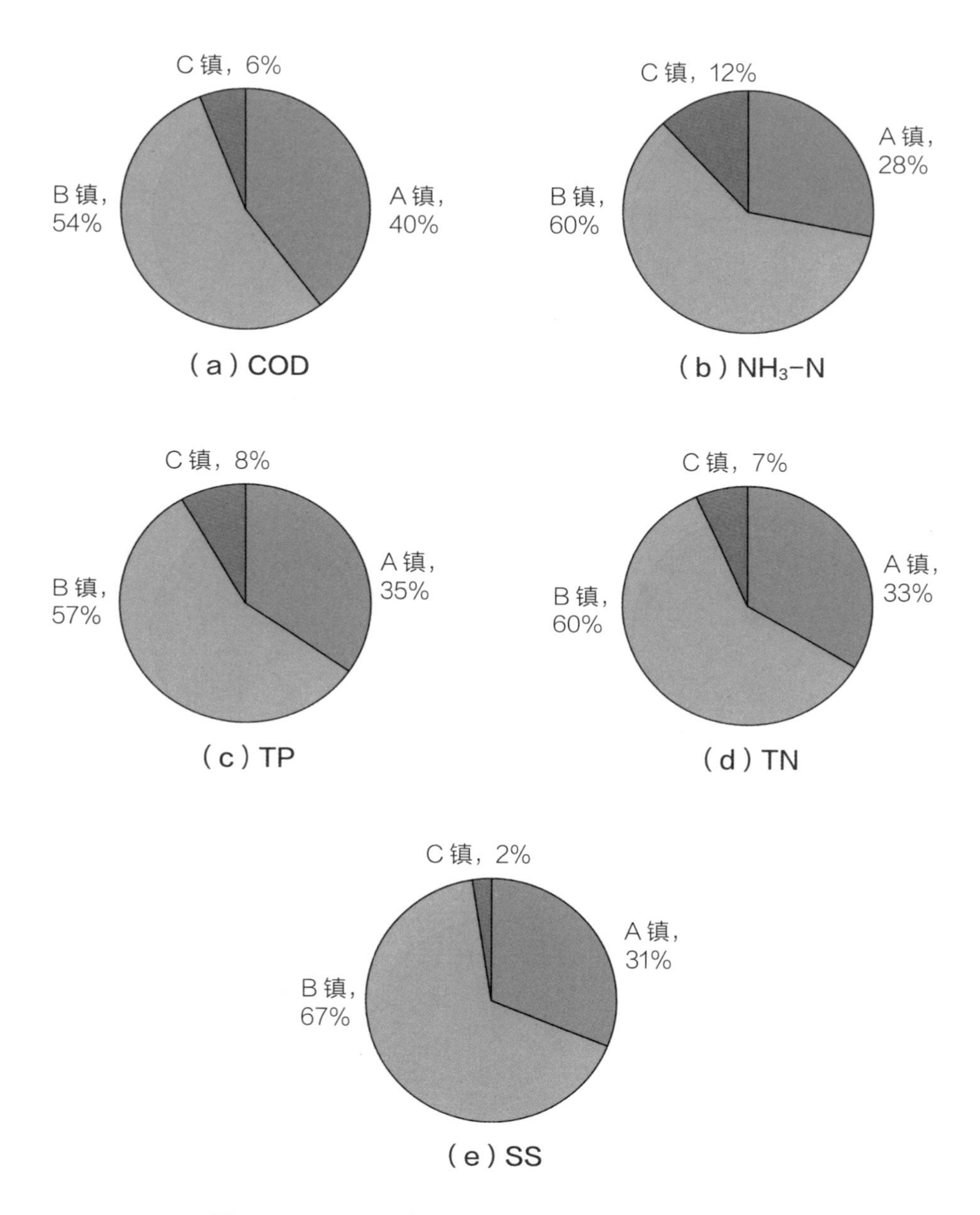

图 5-14　后汛期各镇雨水径流污染物负荷估算结果

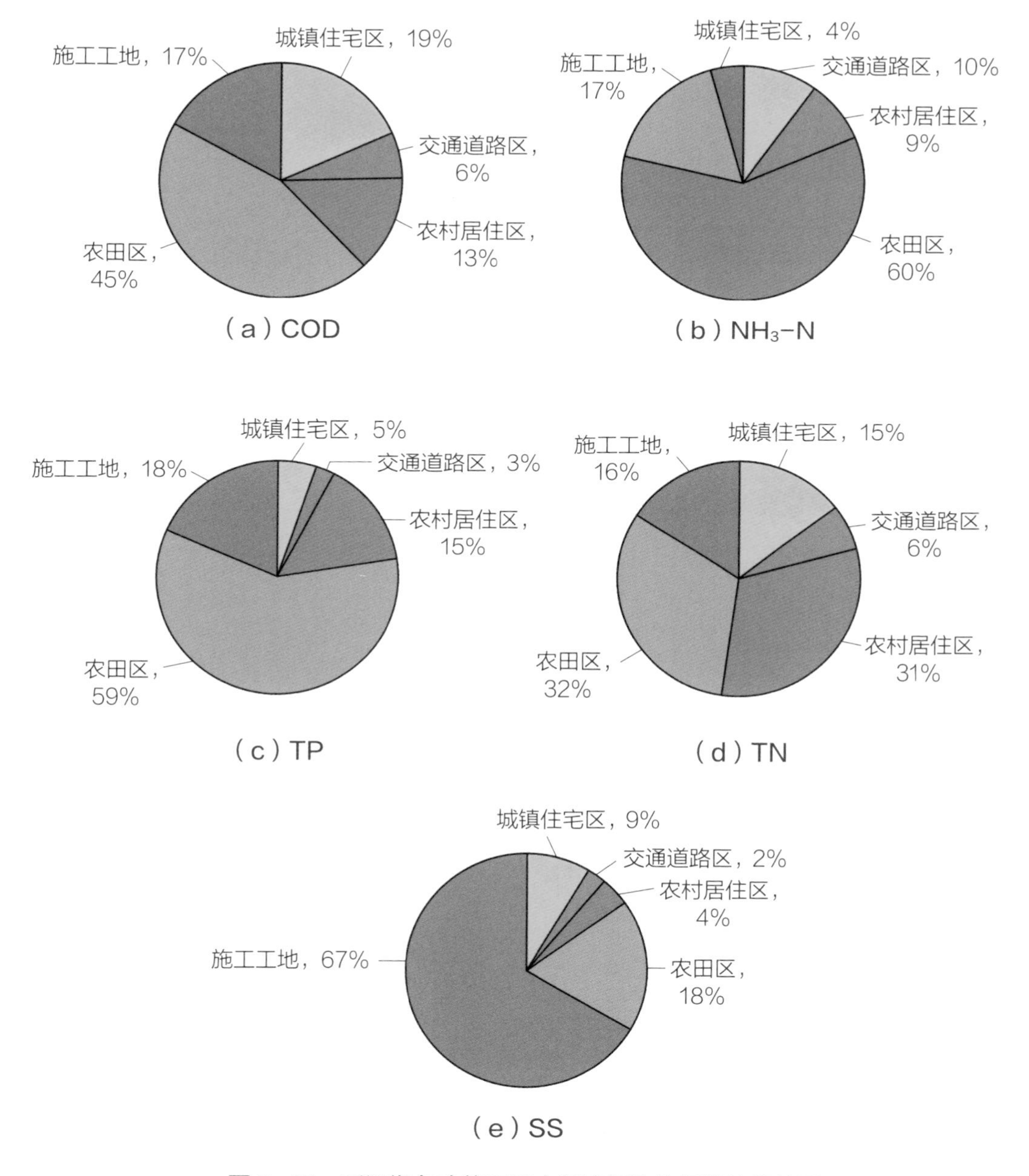

图 5-15　后汛期各功能区雨水径流污染物负荷估算结果

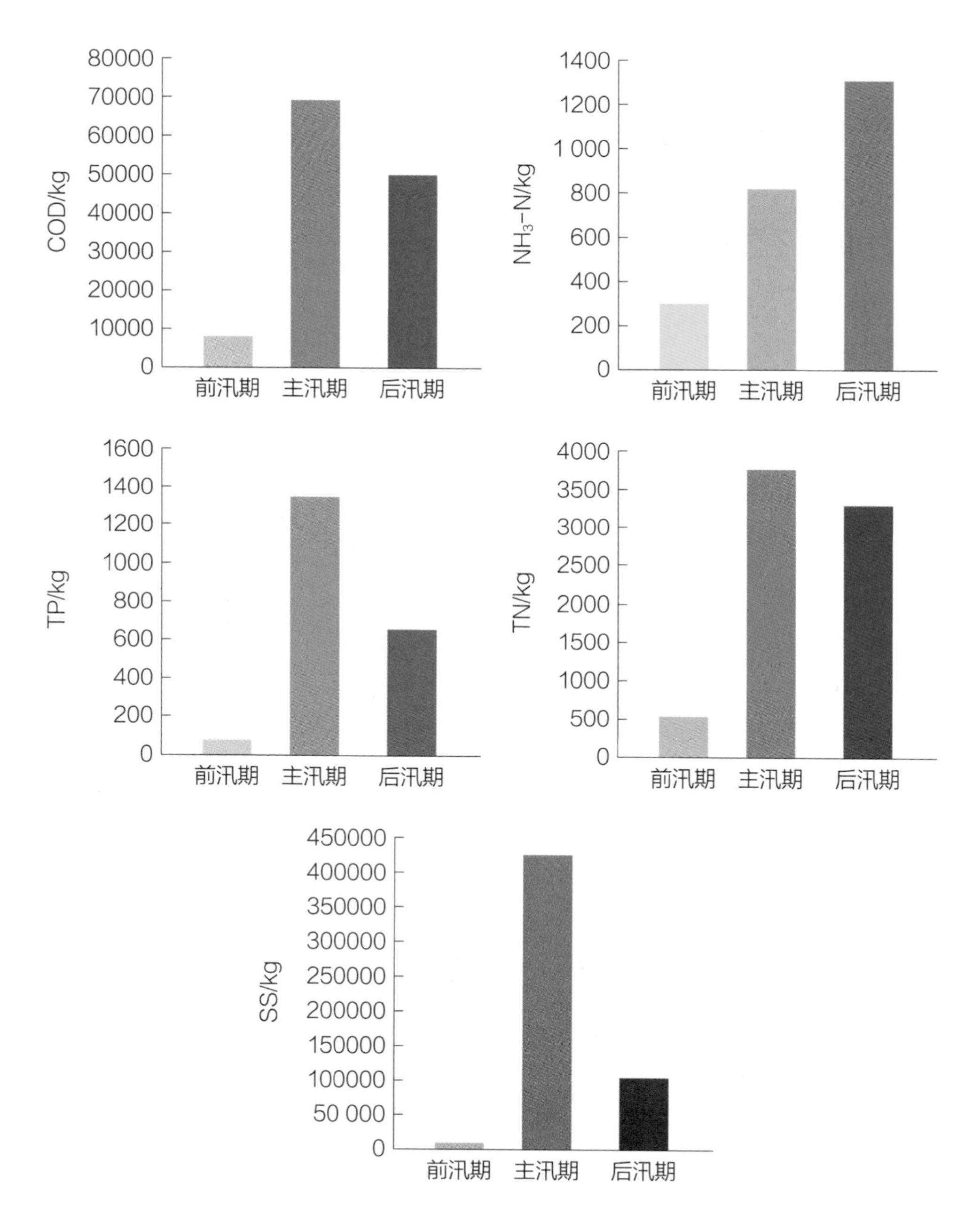

图 5-16　3 次降雨监测中雨水径流污染负荷估算结果

综上所述，虽然前汛期雨水径流中污染物浓度较高，但由于降水量相对较小，前汛期雨水径流面源污染总负荷小于主汛期和后汛期。研究区域前汛期雨水径流污染主要来源于城镇下垫面，包括城镇住宅区、交通道路和施工工地等，城镇住宅区雨污合流、交通道路施工车辆较多以及部分施工工地未严格实施环保措施等是导致这些区域雨水径流污染强度较大的主要原因。到了主汛期和后汛期，硬质地面污染物已基本被冲刷干净，农村区域成了雨水径流污染的主要来源，农田区虽然径流污染物浓度不高，但由于面积大、分布广，其雨水径流污染总量不容忽视，尤其对COD和TP的贡献非常大。

5.5 雨水径流污染控制对策建议

5.5.1 积极推行低影响开发建设模式

结合研究区域丰富的自然资源，采用LID的设计理念，灵活采取“渗、滞、蓄、净、用、排”等措施，组织实施海绵型城市水系、公园绿地、道路广场、建筑小区“四大系统”建设，打造全流域海绵城市建设样板。

低影响开发不仅关乎区域的雨水径流污染管理，更是对生态环境的尊重与保护，因此，在旧城区改造与新城区建设上要坚持与城市开发、道路建设、园林绿化统筹协调，因地制宜配套建设雨水滞渗、收集利用等削峰调蓄设施，这些设施不仅能有效缓解城市排水压力，还能提高雨水的利用率，促进水资源的循环利用。实施过程中可以大量增加下凹式绿地、植草沟、人工湿地、可渗透路面、砂石地面和自然地面，以及透水性停车场和广场，以提高城镇的雨水吸纳能力和蓄滞能力。

在新城区建设过程中，要严格控制硬化地面率，确保其不超过40%，以降低城市热岛效应，增加城市的生态空间。对于改（扩）建项目，硬化地面率不应大于改造前原有硬化地面率，并且不宜超过70%。同时，鼓励有条件的地区对现有硬化路面进行透水性改造，进一步提高城市的雨水吸纳能力和蓄滞能力。

5.5.2 分阶段推进雨污分流改造

一方面，加快研究区域暗涵渠箱的清污分离进程，这一举措的核心在于对雨洪排放口进行污水溯源工作，特别是针对那些对河道水质造成显著影响的暗涵和雨洪排放口，要优先进行整治。同时，对雨污合流严重的重点路段雨水管线进行详尽的摸排检查，确保那些误入雨水管网的污水能够被正确接入污水管网中，从而实现污水和清水的逐步剥离，最大限度地减少雨天时因污水溢流而造成的环境污染。

另一方面，分阶段逐步推进各镇中心老镇区的雨污分流改造工作。这一工作的目标是从源头上实现污水的有效收集，进而提升整个流域的污水收集率。通过实施这一改造计划，能够更加有效地管理和利用水资源，也有助于提升当地居民的生活质量。

5.5.3 扎实推进农村生活污水治理

对于已建成农村污水处理设施的村庄，要开展深入的设施问题摸排工作，精确识别存在的问题类型，并针对性地实施整改措施，将针对设施停运、破损、管网缺失、工艺不足、处理能力不匹配以及出水水质不达标等问题进行整改。

对于地理位置偏远、人口稀少但农田土地资源丰富的村庄，采取因地制宜的策略，充分利用其土地空间资源，探索并推广资源化利用的污水处理模式。同时，加强这些设施的运维管理，确保设施能够持续稳定地运行。

为了进一步提升农村生活污水治理的成效，要定期开展流域内农村生活污水治理效果的评估工作，工作重点应从单纯追求设施数量转向注重治理效能的提升，逐步实现村内生活污水的全面收集和处理，并确保处理设施的高效稳定运行。

5.5.4 强化农业种植源整治

推行科学耕种，大力推广测土配方施肥、农作物病虫害绿色防控等技术，指导农户规范合理施用农药、化肥，正确回收处置农业废弃物，减少农业面源污染。积极调整农业产业结构，建立科学种植制度和生态农业体系，建设与种植业、养殖业和加工业紧密结合的生态农业模式，制定政策鼓励使用人畜粪便等有机肥，减少化肥、农药和类激素等化学物质的施用量，推进农业清洁生产，实现农业生产生活物质的循环利用，推动粗放农业向生态农业转变。

针对河道两岸连片农业种植区，构建防护隔离林生态缓冲带及农业生态沟渠拦截净化系统，该系统有效拦截净化种植区污染物，优先在干流沿岸1 km范围内进行试点；针对沿河1 km范围内连片农业种植区，实施农业灌溉沟渠改造，末端结合生态修复工程有效控制农业面源污染。

5.5.5 开展企业雨前执法检查

为确保企业在雨季废水处理设施的稳定运行，提出以下措施：

第一，指导企业积极开展废水处理设施的运行情况检查和评估工作，提前处理应急池和调蓄池中的废水，以便在初雨来临时有足够的处理空间。这样做能有效避免雨季废水处理设施因过载而出现故障，确保设施在雨季能够正常运行。

第二，对于废水处理过程中产生的污泥，企业应提前将其进行转运或采用其他有效的环保方法进行妥善处置，以避免污泥在雨季对设施的正常运行造成不利影响。

第三，加强雨季环境监管，实施联合执法行动，开展雨前排查和监督性监测工作。通过建立网格化环境监管体系，更有效地发现和处理企业偷排、非法取水等违法行为。同时，加强对企业用水、用电的管控，对异常状况进行针对性执法，确保企业在雨季能够严格遵守环保法规，保障环境安全。

这些措施的实施，将有力提升企业废水处理设施的运行效率和管理水平，为雨季的雨水径流污染防治提供有力保障。

5.5.6 初雨来临前尽力消灭积存污染

根据区域降雨预警，在初雨来临之前，全力整治污水。

初雨来临前开展积存污水排查，包括污水管、雨水管、合流管、沟渠坑塘等，对于发现的污水积存问题，及时进行清理，重点针对黑臭水体进行排查及清理工作，最大限度地减少存量污染入河。

加强城镇卫生管理。及时清理沿岸垃圾堆放点，加强垃圾堆放及转运管理；检查农贸市场污水是否接入污水管网，若没有，将污水泵抽至附近管网或利用槽罐车转运至污水处理厂。根据气象部门发布的初雨预报，提前2天加密城镇街道路面，尤其是国道、省道等大路的垃圾、杂物清扫工作。

5.5.7 强化污水处理设施雨天运行调度能力

参考昆明市颁布的《城镇污水处理厂主要水污染排放限值》（DB5301/T 43—2020）中设置的E级标准（该标准得到了国内学术界的一致好评，即单独规定雨天超量雨水处理的排放标准，解决污水处理厂目前超量溢流污水无标可循的难题），对于建设有一级强化处理设施的城镇污水处理厂，雨季污水处理厂处理量达到设计处理规模的1.1倍时，超量溢流污水经一级强化处理后的单独排放口出水执行E级限值，即BOD＜30 mg/L、COD＜70 mg/L、TP＜2 mg/L。

此外，加强污水处理厂运营管理。在初雨到来之前，污水处理厂技术人员应对所有抢修设备进行检修保养，使其处于良好的备用状态。当汛期水量大、集水井水位高时，应该开启全部水泵运行。

同时，工艺化验部门也要根据实际情况，调整汛期的工艺运行方案。在水量大、进水水质浓度较低，确保总出水达标排放的情况下，尽量多处理污水水量，减少向外排放的水量。

5.5.8 大力推进初期雨污滞蓄设施建设

1. 建设调蓄湿地公园

结合现有水体和土地利用情况，选择在一级支流与干流交汇处附近，考虑水流速度适中、地势相对平缓且有一定自然湿地基础或易于改造的区域建设湿地公园，以调蓄初期雨污并扩充其功能，减轻下游水体的污染压力，提升区域生态环境质量，促进生物多样性保护及休闲旅游业的发展。

在设计上，尽量模拟自然湿地的生态结构和功能，例如，设置多样化的湿地植被带（如挺水植物、浮水植物、沉水植物），构建生态浮岛等，以增强水质净化能力。此外，设计合理的雨污分流系统，初期雨水通过湿地系统进行自然净化后再排入干流。利用湿地内的池塘、洼地等自然地形作为雨水调蓄池，减少洪峰流量。

2. 因地制宜，最大限度调蓄并处理初期高浓度雨污

流域降雨初期，通过生态湿地、租用鱼塘、农田等，利用一切可利用的沟渠坑塘和各种调蓄池，全力调蓄少排，最大限度滞留初期雨污，并在降雨结束后对滞留的初期雨污进行处理，达标后再排放入河，处理方式包

括泵抽至污水厂、租用可移动式一体化处理设施或原位强化处理等方式。

调蓄池运行模式一般包括晴天模式、进水模式、处理模式和空池模式。①晴天模式。晴天时原位净化蓄积污水。②进水模式。降雨初期30 min内，根据降雨和径流产生情况，打开调蓄池抽水泵站，调蓄池进水。进水后，需对塘内水位进行监测，当调蓄池水位达到预定或最大水位时，自动关闭进水阀门，雨量较大时还需要打开防汛阀门，将雨水排入河道。③处理模式。将调蓄池内污水输送至污水处理厂或者通过分散式污水处理设施处理。若水量较大，可采用原位净化处理的方法。④空池模式。晴天时，打开放空泵，根据水质情况将初期雨水输送至污水管或附近河涌，调蓄池放空至一定水位时，关闭放空泵，放空完成。

参考文献

[1] Palla A，Gnecco I，Lanza L G. Unsaturated 2D modelling of subsurface water flow in the oarse-grained porous matrix of a green roof [J]. Journal of Hydrology，2004，379（1）：193-204.

[2] Brown J N，Peake B M. Sources of heavy metals and polycyclic aromatic hydrocarbons in urban tormwater runoff [J]. Science of the Total Environment，2006，359（1-3）：145-155.

[3] 负汶，曲鹏飞.长沙市城区雨水径流污染研究 [J].当代化工，2014，43（7）：1286-1289.

[4] Barbosa A E，Fernandes J N，David L M. Key issues for sustainable urban stormwater management [J]. Water Research，2012，46（20）：6787-6798.

[5] Ongley E D，Xiaolan Z，Tao Y. Current status of agricultural and rural non-point source pollution assessment in China [J]. Environmental Pollution，2010，158（5）：1159-1168.

[6] Shen Z，Liao Q，Hong Q，et al. An overview of research on agricultural non-point source pollution modelling in China [J]. Separation and Purification Technology，2012，84：104-111.

[7] 郑一，王学军. 非点源污染研究的进展与展望 [J]. 水科学进展，2002，13（1）：105-110.

[8] Lee G F，Jones-Lee A. Stormwater runoff quality management：Are real water

quality problems being addressed by current structural BMP's? [J] . Public Works, 1995, 126 (1) : 54-56.

[9] 马英. 城市降雨径流面源污染输移规律模拟及初始冲刷效应研究 [D] .广州：华南理工大学，2013.

[10] 张郁婷，陈永华，汤春芳，等. 东江上游高风险支流不同功能区初期雨水径流污染特征分析 [J] .生态环境学报，2017，26 (11) : 1942-1949.

[11] 曾思育，董欣.城市降雨径流污染控制技术的发展与实践 [J] .给水排水，2015，51 (10) : 1-3.

[12] 欧阳威，王玮，郝芳华，等. 北京城区不同下垫面降雨径流产污特征分析 [J] . 中国环境科学，2010，30 (9) : 1249-1256.

[13] 陈莹，赵剑强，张小玲，等. 西安市路面径流污染季节变化特征研究 [J] . 安全与环境学报，2014，14 (4) : 344-348.

[14] 王龙涛，段丙政，赵建伟，等. 重庆市典型城镇区地表径流污染特征 [J] .环境科学，2015，36 (8) : 2809-2816.

[15] 吴杰，熊丽君，吴健，等. 上海市郊道路地表径流多环芳烃污染特征对比及源解析 [J] .环境科学，2019，40 (5) : 2240-2248.

[16] 杨志. 武汉市降雨径流污染特征分析及多环芳烃源解析 [D] . 武汉：华中科技大学，2017.

[17] 武美静. 西安市路面径流重金属及PAHs污染特征 [D] . 西安：长安大学，2016.

[18] 王小梅，赵洪涛，李叙勇. 北京市地面街尘与径流中重金属的污染特征 [J] .生态毒理学报，2010，5 (3) : 426-432.

[19] Metcalf L, Eddy H. American sewerage practice, Disposal of sewage, Vol. Ⅱ [M] , New York: McGraw-Hill, 1916.

[20] Soil Conservation Service. National engineering handbook, Section 4 [S] . 1956: 23-65.

[21] Crawford N H, Burges S J. History of the Stanford watershed model [J] . Water Resources Impact, 2004, 6 (2) : 3-6.

[22] Beasley D B. Answers: A mathematical model for simulating the effects of land

use and management on water quality [D] . Purdue University，1977.

[23] Donigian A S，Imhoff J. History and evolution of watershed modeling derived from the Stanford Watershed Model [J] . Watershed Models，2006：21-45.

[24] US Army Corps of Engineers. Storage，treatment，over-flow，runoff model. STORM User's Manual. Hydraulic Engineering Center，David CA：1997：170.

[25] Frere M H，Onståd C A，Holtan H N. ACTMO，An agricultural chemical transport model [M] . Agricultural Research Service，US Department of Agriculture，1975.

[26] Knisel W G. CREAMS：A field scale model for chemicals，runoff，and erosion from agricultural management systems [M] . Department of Agriculture，Science and Education Administration，1980.

[27] Young R A，Onstad C A，Bosch D D，et al. AGNPS：A nonpoint-source pollution model for evaluating agricultural watersheds [J] .Journal of Soil & Water Conservation，1989，44（2）：168-173.

[28] Foster G R，Lane L J. User Requirements. USDA-Water Erosion Prediction Project （WEPP）[R] . NSERL Report No.1，West Lafayette：USDA-ARS National Soil Erosion Research Laboratory，1987.

[29] Whittemore R C，Beebe J. EPA'S basins model：Good science or serendipitous modeling? [J] . JAWRA Journal of the American Water Resources Association，2000，36（3）：493-499.

[30] Gassman P W，Reyes M R，Green C H，et al. The soil and water assessment tool：Historical development，applications，and future research directions [J] . Transactions of the ASABE，2007，50（4）：1211-1250.

[31] Lowrance R，Vellidis G. A conceptual model for assessing ecological risk to water quality function of bottomland hardwood forests [J] . Environmental Management，1995，19：239-258.

[32] Line D E，Coffey S W. Targeting critical areas with pollutant runoff models and GIS [R] //American Society of Agricultural Engineers. Meeting （USA）. 1992.

［33］Recknagel F，Petzoldt T，Jaeke O，et al. Hybrid expert system DELAQUA—a toolkit for water quality control of lakes and reservoirs［J］. Ecological Modelling，1994，71（1-3）：17-36.

［34］Yoder D，Lown J. The future of RUSLE：Inside the new revised universal soil loss equation［J］. Journal of Soil and Water Conservation，1995，50（5）：484-489.

［35］Pekarova P，Konicek A，Miklanek P. Testing of AGNPS model application in Slovak microbasins［J］. Physics and Chemistry of the Earth，Part B：Hydrology，Oceans and Atmosphere，1999，24（4）：303-305.

［36］Arheimer B，Brandt M. Modelling nitrogen transport and retention in the catchments of southern Sweden［J］. AMBIO：A Journal of the Human Environment，1998，27：471-480.

［37］Grunwald S，Norton L D. Calibration and validation of a non-point source pollution model［J］. Agricultural Water Management，2000，45（1）：17-39.

［38］Gironás J，Roesner L A，Rossman L A，et al. A new applications manual for the Storm Water Management Model（SWMM）［J］. Environmental Modelling & Software，2010，25（6）：813-814.

［39］訾妍，钟炜. 面向可持续雨洪管理的低影响开发措施综合效益评估［J/OL］.天津理工大学学报：1-9［2024-06-05］.http：//kns.cnki.net/kcms/detail/12.1374.N.20240429.1718.026.html.

［40］Eckart K，McPhee Z，Bolisetti T. Performance and implementation of low impact development–A review［J］. Science of the Total Environment，2017，607：413-432.

［41］Park D K，Chang S W，Choi H. Ecotoxicity assessment for livestock waste water treated by a low impact development（LID）pilot plant［J］. Korean Journal of Environmental Biology，2017，35（4）：662-669.

［42］Woods-Ballard B，Kellagher R，Martin P，et al. The SUDS manual［M］. London：Ciria，2007.

［43］夏青. 城市径流污染系统分析［J］. 环境科学学报，1982（4）：271-278.

［44］金相灿. 中国湖泊水库环境调查研究（1980—1985）［M］. 北京：中国环境科学出版社，1990.

［45］温灼如，苏逸深，刘小靖，等. 苏州水网城市暴雨径流污染的研究［J］.环境科学，1986（6）：2-6，69.

［46］朱萱，鲁纪行，边金钟，等. 农田径流非点源污染特征及负荷定量化方法探讨［J］.环境科学，1985（5）：6-11.

［47］黄炎和，卢程隆. 通用土壤流失方程在我国的应用研究进展［J］. 福建农学院学报，1993（1）：73-77.

［48］李家科. 流域非点源污染负荷定量化研究［D］. 西安：西安理工大学，2009.

［49］施为光. 城市降雨径流长期污染负荷模型的探讨［J］. 城市环境与城市生态，1993（2）：6-10.

［50］辜来章，郝淑英.农田径流污染特征及模型化研究［J］.中国农村水利水电，1996（9）：32-35，56.

［51］章北平. 东湖农业区径流污染的黑箱模型［J］. 武汉城市建设学院学报，1996（3）：3-7.

［52］董亮，朱荫湄，王珂. 应用地理信息系统建立西湖流域非点源污染信息数据库［J］. 浙江农业大学学报，1999（2）：9-12.

［53］李怀恩，沈晋，刘玉生. 流域非点源污染模型的建立与应用实例［J］. 环境科学学报，1997（2）：12-18.

［54］李其林，魏朝富，王显军，等. 农业面源污染发生条件与污染机理［J］.土壤通报，2008（1）：169-176.

［55］林明，丁晓雯，卢博鑫. 降雨、地形对非点源污染产输影响机理综述［J］.环境工程，2015，33（6）：19-23.

［56］郭心仪，张守红，王国庆. 城市不同下垫面降雨径流水质监测及特征研究［J］. 中国农村水利水电，2024（3）：128-136.

［57］徐垦，张芊芊，张思毅，等. 粤西典型村域次降雨条件下非点源氮素排放特征［J/OL］. 环境科学研究，1-14［2024-06-05］.https：//doi.org/10.13198/

j.issn.1001-6929.2024.04.12.

[58] 周明涛，胡旭东，张守德，等. 降雨径流面源污染年负荷预测方法的开发——以镇江古运河为例 [J]. 长江流域资源与环境，2015，24（8）：1381-1386.

[59] 汪诗超. 光纤传感技术在径流污染监测中的应用研究 [J]. 铁道建筑技术，2021（6）：178-181.

[60] 李嘉炜，李孟，李泽丰，等. 光纤传感技术在雨水径流监测中的应用 [J]. 环境工程，2021，39（5）：190-195.

[61] 施卫明，王远，闵炬. 中国农业面源污染防控研究进展与工程案例 [J]. 土壤学报，2023，60（5）：1309-1323.

[62] 邢玉坤，曹秀芹，江坤，等. 合流制管网与混接管网截流系统的设计研究 [J]. 给水排水，2019，55（9）：115-120，123.

[63] 马珍，韩梦琪. 管道溢流的污染特征及水质管控技术与策略 [J]. 给水排水，2022，58（9）：147-156.

[64] 杨正，车伍，赵杨. 城市“合改分”与合流制溢流控制的总体策略与科学决策 [J]. 中国给水排水，2020，36（14）：46-55.

[65] 齐飞，陈淼，王振北，等. 国家水体污染控制与治理科技重大专项产出城镇雨水径流污染控制技术的成熟度评估及该技术体系发展中面临的挑战 [J]. 环境工程学报，2022，16（9）：3144-3156.

[66] 梁家辉. 城市降雨径流面源污染控制技术解析与工程应用绩效评估 [D]. 北京：北京林业大学，2020.

[67] 郭瀛莉，汤钟，孙静，等. 海绵城市设施建设效果监测体系构建与应用 [J]. 中国给水排水，2023，39（24）：8-15.

[68] 姚海蓉，鲁宇闻，贾海峰，等. 美国城市降雨径流控制法律体系变迁及对我国的借鉴 [J]. 给水排水，2013，49（S1）：214-218.

[69] 冷罗生. 我国面源污染控制的立法思考 [J]. 环境与可持续发展，2009，34（2）：21-23.

[70] 吴金羽. 国内外城市道路雨水径流水质研究现状分析 [J]. 资源节约与环保，2014（4）：38-41.

[71] Beck H J，Birch G F. Spatial and temporal variance of metal and suspended solids relationships in urban stormwater—implications for monitoring [J]. Water Air Soil Pollut，2012，223：1005-1015.

[72] Herngren L，Goonetilleke A，Ayoko G A. Analysis of heavy metals in road-deposited sediments [J]. Analytica Chimica Acta，2006，571（2）：270-278.

[73] Zhao H，Li X，Wang X，et al. Grain size distribution of road-deposited sediment and its contribution to heavy metal pollution in urban runoff in Beijing，China [J]. Journal of Hazardous Materials，2010，183（1-3）：203-210.

[74] Liu A，Lin L，Li P，et al. Characterizing heavy metal build-up on urban road surfaces：Implication for stormwater reuse [J]. Science of the Total Environment，2015（515-516）：20-29.

[75] Wei Q，Zhu G，Wu P，et al. Distributions of typical contaminant species in urban short-term storm runoff and their fates during rain events：A case of Xiamen City [J]. Journal of Environmental Sciences，2010，22（4）：533-539.

[76] 李立青，朱仁肖，郭树刚，等. 基于源区监测的城市地表径流污染空间分异性研究 [J]. 环境科学，2010，31（12）：2896-2904.

[77] Taylor G D，Fletcher T D，Wong T H F，et al. Nitrogen composition in urban runoff—implications for stormwater management [J]. Water research，2005，39（10）：1982-1989.

[78] 于慧，刘政，王书敏，等. 城市道路暴雨径流水质特性及控制对策 [J]. 环境污染与防治，2014，36（10）：88-92.

[79] 陈莹，王昭，吴亚刚，等. 降雨特征及污染物赋存类型对路面径流污染排放的影响 [J]. 环境科学，2017，38（7）：2828-2835.

[80] Lee J Y，Kim H，Kim Y，et al. Characteristics of the event mean concentration（EMC） from rainfall runoff on an urban highway [J]. Environmental Pollution，2011，159（4）：884-888.

[81] 边博. 前期晴天时间对城市降雨径流污染水质的影响 [J]. 环境科学，2009，30（12）：3522-3526.

[82] 李俊奇，戚海军，宫永伟，等. 降雨特征和下垫面特征对径流污染的影响分析 [J]. 环境科学与技术，2015，38（9）：47-52，59.

[83] 蔡成豪，许立宏，朱方伦，等. 临安区不同功能区道路降雨径流重金属污染特征及源解析 [J]. 环境污染与防治，2020，42（2）：218-222.

[84] Joshi U M，Balasubramanian R. Characteristics and environmental mobility of trace elements in urban runoff [J]. Chemosphere，2010，80（3）：310-318.

[85] Sabin L D，Lim J H，Stolzenbach K D，et al. Contribution of trace metals from atmospheric deposition to stormwater runoff in a small impervious urban catchment [J]. Water Research，2005，39（16）：3929-3937.

[86] 郭文景，张志勇，闻学政，等. 长江下游居民区降水地表径流的污染特征 [J]. 环境科学，2021，42（7）：3304-3315.

[87] 赵彦杰，钱建平，王琦琦，等. 城市地表径流污染研究现状和防治对策 [J].环境保护与循环经济，2023，43（2）：46-51.

[88] 董莉莉，曹必成，赵瑞一. 山地校园不同下垫面雨水径流重金属污染特征和健康风险评估 [J]. 水土保持通报，2020，40（5）：88-96.

[89] 任玉芬，王效科，韩冰，等. 城市不同下垫面的降雨径流污染 [J].生态学报，2005（12）：3225-3230.

[90] 王倩，张琼华，王晓昌. 国内典型城市降雨径流初期累积特征分析 [J]. 中国环境科学，2015，35（6）：1719-1725.

[91] 周国升，沿海城市工业园区降雨地表径流污染特征分析与低影响开发措施调控研究 [D]. 青岛：青岛理工大学，2021.

[92] 张士官，焦春蛟，吕谋，等. 青岛市李沧工业园区降雨径流污染特征研究 [J]. 人民珠江，2020，41（3）：103-108.

[93] 吴民山. 天津滨海临港工业园区径流污染特征研究 [D]. 邯郸：河北工程大学，2020.

[94] 李东亚. 工业聚集区面源污染特征及人工湿地控制机理研究 [D]. 广州：华南理工大学，2015.

[95] 颜子俊，刘焕强，孙海罗，等. 温州市不同功能区地表径流污染特征研究 [J].

环境科学与技术，2012，35（S1）：203-208.

［96］李发荣，邱学礼，周璟，等. 滇池东南岸农业和富磷区入湖河流地表径流及污染特征［J］. 中国环境监测，2014，30（6）：93-101.

［97］张雷，张峥，柴宁，等. 稻田种植对地表径流污染状况调查研究［J］.中国环境监测，2022，38（2）：123-128.

［98］谢飞，王志芸，谭志卫，等. 曲靖阿岗水库径流区农业面源污染负荷分析及评价［J］.环境科学导刊，2016，35（1）：56-60.

［99］Marsalek J，Rochfort Q，Brownlee B，et al. An exploratory study of urban runoff toxicity［J］. Water science and Technology，1999，39（12）：33-39.

［100］Helmreich B，Hilliges R，Schriewer A，et al. Runoff pollutants of a highly trafficked urban road–Correlation analysis and seasonal influences［J］. Chemosphere，2010，80（9）：991-997.

［101］张千千，李向全，王效科，等. 城市路面降雨径流污染特征及源解析的研究进展［J］.生态环境学报，2014，23（2）：352-358.

［102］麦穗海，黄翔峰，汪正亮，等. 合流制排水系统污水溢流污染控制技术进展［J］. 四川环境，2004，23（3）：18-21.

［103］佃柳，郑祥，郁达伟，等. 合流制管道溢流污染的特征与控制研究进展［J］. 水资源保护，2019，35（3）：76-83，94.

［104］Puerta J，Suarez J. Contaminant loads of CSOs at the wastewater treatment plant of a city in NW Spain［J］. Urban Water，2002，4（3）：291-299.

［105］Zhang W，Che W，Liu D K，et al. Characterization of runoff from various urban catchments at different spatial scales in Beijing，China［J］. Water Science and Technology，2012，66（1）：21-27.

［106］李贺，李田. 上海高密度居民区合流制系统雨天溢流水质研究［J］.环境科学，2006（8）：1565-1569.

［107］Al Aukidy M，Verlicchi P. Contributions of combined sewer overflows and treated effluents to the bacterial load released into a coastal area［J］. Science of the Total Environment，2017，607：483-496.

［108］Campos C J A，Avant J，Lowther J，et al. Human norovirus in untreated sewage and effluents from primary，secondary and tertiary treatment processes［J］. Water Research，2016，103：224–232.

［109］田欢. 雨水径流污染物总量的计测及其评估方法研究［D］. 北京：北京建筑大学，2016.

［110］杜娟，赵湘璧，李怀恩. 流域非点源污染负荷估算模型的研究［J］. 价值工程，2015，34（25）：247–248.

［111］贺斌，胡茂川. 广东省各区县农业面源污染负荷估算及特征分析［J］. 生态环境学报，2022，31（4）：771–776.

［112］李怀恩. 估算非点源污染负荷的平均浓度法及其应用［J］. 环境科学学报，2000（4）：397–400.

［113］李家科，李亚娇，李怀恩. 城市地表径流污染负荷计算方法研究［J］. 水资源与水工程学报，2010，21（2）：5–13.

［114］Akan O A. Urban stormwater hydrology：A guide to engineering calculations［M］. Lancaster：Crc Press，1993.

［115］蔡明，李怀恩，庄咏涛. 估算流域非点源污染负荷的降水量差值法［J］. 西北农林科技大学学报（自然科学版），2005（4）：102–106.

［116］李怀恩，蔡明. 非点源营养负荷—泥沙关系的建立及其应用［J］. 地理科学，2003（4）：460–463.

［117］Thornton J A，et al. Assessment and control of nonpoint source pollution of aquatic ecosystems：A practical approach［M］. Pearl River，New York：The Parthenon Publishing Group，1999.

［118］Johnes P J. Evaluation and management of the impact of land use change on the nitrogen and phosphorus load delivered to surface waters：The export coefficient modelling approach［J］. Journal of Hydrology，1996，183（3–4）：323–349.

［119］刘宏斌，翟丽梅，雷秋良，等. 流域农业面源污染监测评估方法及应用［M］. 北京：中国农业科学技术出版社，2022.

［120］黄志伟. 东江流域非点源污染特征及污染负荷定量化研究［D］. 广州：暨南大

学，2016.

[121] 惠洪宽. 基于L-THIA模型地表径流非点源污染负荷时空模拟及其环境效应[D]. 哈尔滨：哈尔滨师范大学，2015.

[122] Thomson N R，McBean E A，Snodgrass W，et al. Sample size needs for characterizing pollutant concentrations in highway runoff[J]. Journal of Environmental Engineering，1997，123（10）：1061-1065.

[123] Endreny T A，Wood E F. Watershed weighting of export coefficients to map critical phosphorous loading areas 1[J]. JAWRA Journal of the American Water Resources Association，2003，39（1）：165-181.

[124] 蔡明，李怀恩，庄咏涛，等. 改进的输出系数法在流域非点源污染负荷估算中的应用[J]. 水利学报，2004（7）：40-45.

[125] 李思思，张亮，杜耘，等. 面源磷负荷改进输出系数模型及其应用[J]. 长江流域资源与环境，2014，23（9）：1330-1336.

[126] Wang J，Wang D，Ni J，et al. Simulation of the dissolved nitrogen and phosphorus loads in different land uses in the Three Gorges Reservoir Region—based on the improved export coefficient model[J]. Environmental Science：Processes & Impacts，2015，17（11）：1976-1989.

[127] 庞树江，王晓燕. 流域尺度非点源总氮输出系数改进模型的应用[J]. 农业工程学报，2017，33（18）：213-223.

[128] Guo Y，Wang X，Melching C，et al. Identification method and application of critical load contribution areas based on river retention effect[J]. Journal of Environmental Management，2022，305：114314.

[129] 李华林，张守红，于佩丹，等. 基于改进输出系数模型的非点源污染评估及关键源区识别：以北运河上游流域为例[J]. 环境科学，2023，44（11）：6194-6204.

[130] Zuo L，Gao J. Investigating the compounding effects of environmental factors on ecosystem services relationships for Ecological Conservation Red Line areas[J]. Land Degradation & Development，2021，32（16）：4609-4623.

［131］孙孝天. 城市面源污染计算及削减措施研究［D］. 合肥：安徽建筑大学，2020.

［132］邓淑冰. 基于SWAT模型的广西圭江流域面源污染模拟与防控措施研究［D］. 南宁：广西大学，2022.

［133］荣易，秦成新，杜鹏飞，等. 基于模型研究质量评价的 SWAT 模型参数取值特征分析［J］.环境科学，2021，42（6）：2769-2777.

［134］Abbaspour K C，Rouholahnejad E，Vaghefi S，et al. A continental-scale hydrology and water quality model for Europe：Calibration and uncertainty of a high-resolution large-scale SWAT model［J］. Journal of Hydrology，2015，524：733-752.

［135］张永勇，王中根，于磊，等. SWAT水质模块的扩展及其在海河流域典型区的应用［J］. 资源科学，2009，31（1）：94-100.

［136］赖格英，吴敦银，钟业喜，等. SWAT模型的开发与应用进展［J］. 河海大学学报（自然科学版），2012，40（3）：243-251.

［137］高晶，汪志荣，赵军乐，等. 降雨径流中采样方法的研究［J］. 天津理工大学学报，2018，34（4）：45-49.

［138］王超，王剑，文立群，等. 基于雨水径流事件的小流域农业面源自动监测采样间隔分析［J］. 中国环境科学，2024，44（2）：1085-1094.

［139］郭雯婧. 西安市城区降雨径流污染特征及负荷估算研究［D］. 西安：西安科技大学，2015.

［140］车伍，吕放放，李俊奇，等. 发达国家典型雨洪管理体系及启示［J］.中国给水排水，2009，25（20）：12-17.

［141］林潇. 生物滞留池处理初期雨水和合流制溢流污染性能探究［D］. 长沙：湖南大学，2021.

［142］魏成耀. 苏州海绵试点区典型地块径流污染控制研究［D］. 苏州：苏州科技大学，2021.

［143］王迪，李红芳，刘锋，等. 亚热带农区生态沟渠对农业径流中氮素迁移拦截效应研究［J］. 环境科学，2016，37（5）：1717-1723.

［144］石雷，杨小丽，吴青宇，等. 生态沟渠-生物滞留池组合控制农村径流污

染［J］. 环境科学，2022，43（6）：3160-3167.

［145］王思佳，艾庆华，冯振鹏，等. Application of constructed wetland technology in runoff pollution control of industrial park based on the concept of "sponge city"［C］//中国环境科学学会环境工程分会. 中国环境科学学会2022年科学技术年会——环境工程技术创新与应用分会场论文集（四）. 中国中冶海绵城市技术研究院；中冶南方城市建设工程技术有限公司，2022，4.

［146］尹炜，李培军，叶闽，等. 复合潜流人工湿地处理城市地表径流研究［J］. 中国给水排水，2006（1）：5-8.

［147］韩春利，熊新竹，陈瑶，等. 基于低影响开发理念的海绵服务区径流污染控制技术［J］. 交通运输研究，2023，9（2）：42-52.

［148］石春艳. 北方海绵城市源头控制对地表径流污染控制的研究［D］. 长春：吉林建筑大学，2018.

［149］孙大伟. 雨水湿地在海绵城市改造中的应用［J］. 中国市政工程，2020（6）：50-51，113.

［150］张辰. 植草沟对雨水径流量及径流污染控制研究［D］. 武汉：华中科技大学，2019.

［151］夏治坤，朱木兰. 植草沟对农村污水水质净化效果的研究［J］. 中国农村水利水电，2020（4）：35-38.

［152］戈鑫，杨云安，管运涛，等. 植草沟对苏南地区面源污染控制的案例研究［J］. 中国给水排水，2018，34（19）：134-138.

［153］刘文强，蔡鑫敏，蒲伟，等. 旋流沉砂器在初期雨水径流污染控制上的应用［J］. 施工技术，2020，49（18）：43-45.